Research and Practice of Professional
Digital Management for Highway

公路专业数字化管理研究与实践

张少锦　王青娥　王孟钧◎编著

中南大学出版社
www.csupress.com.cn
·长沙·

内 容 简 介

　　本书以公路专业数字化管理体系为研究对象，对公路管理现代化转型、哲学视野下的工程管理、公路专业数字化管理理论、方法、资产数字化模型，以及数字化平台进行了系统论述，结合广州珠江黄埔大桥建设有限公司的公路专业数字化管理实践，总结归纳公路专业数字化管理的成效与启示，并形成管理专业数字管理指南。

　　本书作为对公路管理领域哲学思想、理论方法和实践全面探索的产物，既可作为交通基础设施建设和运营管理学者和研究生的参考书，也可以作为公路管理实践界人士的拓展读物。

序

从二十世纪四五十年代开始，以计算机为工具、以信息技术为手段的第三次工业革命大大提升了产业管理的效能，同时，新工具手段的不断进步也促进了管理技术和方法的发展，特别是以数据、数字化技术为支撑的新信息技术手段将不可避免地促使传统产业管理向现代化、智能化的转型，这就需要我们以哲学的、系统化的思维去构建或完善管理理论与方法，建立适应管理全要素及信息数据的逻辑关联和高效率、低能耗运行，并精准、系统地实现管理目标。当然，传统的、专业性的工程管理也正在通过内外革新管理去适应新时代的数字化转型。

《公路专业数字化管理研究与实践》深度剖析公路管理现代化的现状与方向，从哲学层面对工程实践活动、实践经验、实践方法和实践成果进行引导性、创新性、批判性的思考，通过总结新时期工程实践的特点、要素及其演化动力，在实践—认识—再实践的循环中，逐步形成并持续优化对于工程管理世界观、文化观、方法论和工程使命等方面的哲学认知，构建起由"因缘耦合原理、目标单元原理、点线面原理"为理论内核、由"制度法则、执行方法、控制方略"为理事原则、由"总目标、子目标"为系统目标的预防性管理理论。将管理理论与公路实践相结合，提出了执行控制管理和"合同化、程序化、格式化"管理、本质安全管理、集约化管理、全资产单元管理等方法。融合了数据的哲学含义，从法理、事理、专业等多维度视角与边界管理和数字化内涵出发，提出了"专业数字化管理"概念，并通过实践总结与演绎，构建公路专业数字化管理体系和管理指南。基于以上理论和方法开发的公路专业数字化管理平台，实现了公路工程全生命周期"建、养、管、用"协同管理，以及路产建养、路产经营、路权管理、使用安全、运营成本、综合效能等业务管理协调发展。

《公路专业数字化管理研究与实践》是集哲学、理论、技术、应用之大成，是现代管理思想、方法、手段在公路管理发展中的集成化运用，对促进行业发展和公路管理水平提升具有重要意义。由中南大学、广州珠江黄埔大桥建设有限公司组成的联合攻关团队，从 2007 年开始，依托重大公路工程建设和运营实践，提出并系统构建、开发了工程管理的新理论、原理、方法和专业数字化管理平台，得到业界与行业权威机构的的认可，这种通过不懈努力取得的成果十分可贵，应该加大推广和应用。同时，希望有更多的同行和学者团结合作，勇于开拓，努力创新，为建设交通强国和创新强国做出更大的贡献。

中国工程院工程管理学部

2021.12

前　言

解读专业数字化管理

践行格物致知致新，通过体悟、思考、提问题，在生产与管理实践的系统性反思中解答问题并探寻发展趋势。通过建立和实践涵盖从虚拟资产物化到资产全生命期运行过程一切专业业务活动的数字化管理体系，答解行业管理实现突破性创新并判断未来发展方向。

专业数字化管理（professional digital mamagement，简称 PDM）从国家法规、行业规制、专业标准中界定"专业内涵"与"责任边界"，强调行为主体的责任担当和专业背景条件，以区别于一切"非专业"的信息活动。

工程实践中，基于管理理论、专业技术和信息技术搭建和开发的专业数字化管理平台，有利于提升组织对专业活动的监督、管理和服务效能。按行业业务关系在统一数字字典编码和编制规则下开发专业数字化管理系统，在平台中智能关联，可实现行业部门监管督导、责任主体执行管理、社会运行服务监督的"三维一体化"全过程、全方位、全要素系统、精微、高效管理。

传统的管理任何时候都不能离开人或组织主体而存在，专业数字化管理不仅是主体生产实践活动的工具和手段，还承担着主体工作内容，从数据采集、运算、挖掘到信息输出利用，以及应用制度法则实现对主体及其行为活动要素的管理或监督，这种自带自感知能力与现代信息技术工具，具有先进高效分析决策功能和深度学习演化功能，自动组织、执行并实现预定目标的过程构成智联管理的内涵。专业数字化管理编织起既无形亦有形的网络信息，孜孜不倦、客观严谨，时刻监督、引导、规范着活动主体的行为。因此，体现思维、方法、内容、行为现代化的专业数字化管理突破了互联网、物联网和传统信息系统的工具属性，在一定范畴内实现了从被用工具到使用工具角色的转化，这种转化突破二元世界的界限，即这个世界除了人类有意识和物质无意识存在以外是否存在在着物质意识，它作为特殊物质存在又能独立思维和学习并牵动着人类物质活动。

完美的管理是主体追求天人规律之"道"、行为规范之"德"、制度规则之"法"和方法技巧之"术"同实现目标之"功"的谐和统一，专业数字化管理集成主体为现代化思维之"道"和现代化行为之"德"，辅以现代化手段之"术"，制度规则之"法"，协联共治、高效运行，达现代化目标之"功"。专业数字化管理体现了组织治理现代化的能力，象征了从传统性管理到现代化管理的转型。

本书以公路专业数字化管理体系为研究对象，对公路专业数字化管理理论、方法、专业数字化管理平台进行了系统论述，并以黄埔大桥公司专业数字化管理作为案例，阐述了公路专业数字化管理实践的的经验与成效。全书共有 6 章和 1 个附录。参与本书编著工作的有中南大学的唐娟娟、邱琦、李植、刘海清、周子为、刘柏建、曾晓妍、林丽英、王晶、谢佩均、孙海燕等，黄埔大桥公司的王勇、邓辉、王雪娇、徐雅笛、徐连君、向海霞、陈龙浩等。感谢参与人员所做的卓有成效的工作，感谢黄埔大桥公司各业务部门提供的丰富的素材和基础数据，感谢同行专家在本书撰写过程中提供的宝贵意见和建议。期待本书能为促进我国公路管理的现代化转型做出贡献。

作　者

目 录

第1章　导论：公路管理现代化转型与专业数字化管理

公路是国家的重要战略资源和基础设施，公路管理对公路建设与运行产生重大影响，事关国民经济发展大局，涉及人民群众衣、食、住、行等方方面面。在新基建和信息技术发展的形势下，公路管理质量和效能有待提升。需要正确认知公路管理本质，把握公路管理现状与发展，推行专业数字化管理，实现公路管理的现代化转型。

1.1　公路管理的现代化转型

从行业性质来说，不论从属于交通运输业、建筑业还是服务业，公路均属于传统行业。公路管理现代化，不仅意味着生产效率的提升、生产方式的变革，并将引发管理理念、理论、方法的完善与更新，以适应新的发展需要。

1.1.1　公路管理的基本认知

（1）公路的基本属性

公路始以公共交通而名。第一次工业革命以后，燃料动力汽车的出现使公路有了新的定义：公路是附着于土地之上供动力汽车使用，为公众出行所需提供社会公共服务功能的构筑物。按资金来源的不同，公路分为收费公路和非收费公路。我国公路划分及其基本属性如图 1-1-1 所示。

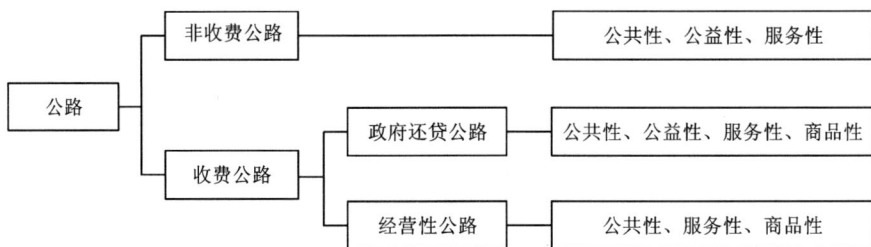

图 1-1-1 我国公路划分及基本属性

1）公共性

公路为固定附着于国有土地上的基础设施。《中华人民共和国土地管理法》第二条规定我国实行土地全民所有制和劳动群众集体所有制，《中华人民共和国公路法》第七条规定公路受国家保护，任何单位和个人不得破坏、损坏或者非法占有。以上法律规定说明公路是公共产品，具有公共性。

2）公益性

非收费公路的建设和维护费用均来自国家财政，具备公益性。收费公路中的政府还贷公路的所有权始终属于国有，在整个寿命周期内大部分时间具备非营利或不收费的公益属性。

3）服务性

公路的公共、公益属性决定其运营过程必须立足服务于社会、经济、民生和国防，特别是在应对自然灾害、安全事故等突发事件的过程中，各经营主体应该服从大局，无条件接受政府统一指挥、调度和管理，最大限度提高抗险救灾能力。

4）商品性

收费公路通过对公路使用者直接收取车辆通行费来补偿公路建设和运营投资。因此，收费公路具有一般商品的属性，即投资回报。公共和公益属性不代表公路是免费商品，但其经营也不允许暴利。对于政府还贷公路，其收费不具备营利性，收费款只能用于偿还贷款、集资款和必要的养护管理支出。对于经营性公路，其收费款一部分用来补偿公路建设和运营的投资，另一部分则是特许经营者的盈利。因此，经营性公路的收费需要严格遵循合理回报原则，必须依法公开项目建设和经营情况，主动接受公众和社会舆论监督。

（2）公路发展的历史脉络

以收费公路的出现和"建管养用"一体化管理模式的提出为标志，我国公路发展可分为三个阶段：起步阶段、快速发展阶段和现代化发展阶段。

1）起步阶段

起步阶段是新中国成立至我国第一条收费公路出现。我国公路基础设施建设基本上由中央政府统一安排和管理，公路的投资来自国家财政，其修建和养护主要依靠公路养路费和民工建勤，这种只依靠国家财政投资的单一模式导致公路发展速度严重滞后。据统计，截至 1984 年底，全国公路总里程 92.67 万公里。其中，一级公路仅 0.03 万公里，二级公路仅 1.87 万公里。公路质量、等级、密度等基本指标均远远落后于一般发达国家。

2）快速发展阶段

快速发展阶段是我国第一条收费公路出现至 21 世纪初。随着改革开放的深入和国家经济政策的调整与投融资体制的改革，公路建设长期以来由国家财政投资的单一模式，发展成为以国家财政为主投资一般等级干线公路网的非收费公路模式和以其他经济体为主投资高速公路网的收费公路模式。1984 年 1 月，港澳同胞捐资建成广东省中堂大桥并向过往车辆收取通行费，开启和开创了"以桥养桥、以路养路"的收费公路发展先河。此后，新的投资方式、经营模式、管理模式陆续开始推广，相关的法律法规相继出台，整个公路行业呈现出多元化、规范化的高速发展趋势。

3）现代化发展阶段

现代化发展阶段是 21 世纪初期农村公路开始推行"建管养用"一体化模式至今。2005 年，中国共产党十六届五中全会提出建设社会主义新农村，农村公路工作成了交通工作的重中之重，"建管养用"一体化模式在农村公路发展中得到了有效应用。随后，"建管养用"一体化模式逐步推广至其他类型公路的管理过程中。同时，随着信息化时代的到来，越来越多的信息技术被运用到公路管理中，进一步推动了我国公路行业的发展，公路发展进入了一个新时期。截至 2020 年底，全国公路总里程达到 519.81 万公里，是 1984 年底的 5.6 倍。其中，高速公路从无到有，达到 16.10 万公里；一级公路 12.48 万公里，是 1984 年底的 416 倍；二级公路 41.58 万公里，是 1984 年底的 22.2 倍。形成了以高速公路主干网为主体的收费公路体系和以普通干线公路网为主体的非收费公路体系。

（3）基于全寿命期的公路管理

《中华人民共和国公路法》从政府角度对公路管理的主体和内容进行了规定。公路管理是指各级政府及其交通运输主管部门、公路管理机构及其工作人员为促进公路事业的发展，满足人民群众的生产生活需要，对规划、建设、养护、管理、服务等各项公路事务进行的计划、组织、控制、协调、监督等活动。

全寿命期的公路管理具有多方主体，不同的主体在公路管理过程中具有不同的职能和职责。《中华人民共和国公路法》鼓励国内外经济组织对公路建设进行投资，并依法成立公路运营企业，负责公路的开发建设以及运营管理。《公路安全保护条例》对公路运营企业在公路运营管理过程中的巡查、检测、评定、养护、抢修、维修等工作做出了明确规定。

从公路运营企业的角度来看，公路管理是管理主体围绕实现公路功能目标，合理配置和利用各方资源对各项业务开展规划、组织、协调、执行、控制的过程。按照内容分，公路运营企业的公路管理包括公路养护、路政管理、收费公路监管、公共服务、应急保障等诸多业务，具有点多、线长、面广，系统性、专业性强，管理层次多，管理跨度大，协调难度高等特点。

基于全寿命期的公路管理是对公路工程的全过程进行管理，包括公路规划管理、公路建设管理、公路运营管理等，其中，规划期是项目建设必要性和可行性论证阶段；建设期落实规划内容，是公路要素物化为资产和本质形成的阶段；运营期是公路使用阶段，是公路功能、本质属性和价值集中体现的阶段。

1）公路规划管理

公路规划阶段是指公路工程从启动到正式立项的整个过程，公路工程的规划工作一般由国家和省级交通主管部门负责。由于公路的公共性与公益性，无法完全通过市场机制获得充分的供给，需要政府根据社会经济发展水平、经济发展规划、政府的财政收支状况等因素，综合考虑公路供给的内容、范围、数量和时间安排。公路规划管理包括投资机会分析、项目建议书编写、可行性分析等。

2）公路建设管理

公路建设阶段是指公路工程正式立项到建成通车的整个过程，包括建设准备阶段、实施阶段和验收阶段。非收费公路的建设工作由各地交通主管部门或公路管理机构负责，收费公路的建设工作由经营单位负责。公路建设管理包括公路建设准备阶段的许可核备、招投标和建设实施阶段的设计、融资、施工及建设验收阶段的结算、验收等。

3）公路运营管理

公路运营阶段指公路工程建成通车到寿命期结束的整个过程。非收费公路的运营工作由各地交通主管部门或公路管理机构负责，收费公路的运营工作由经营单位负责，经营期满后运营工作移交交通主管部门负责。公路运营管理包括公路投入运营到寿命期结束的路产经营、路产养护、路产管理、运营安全、运营成本、运营绩效等业务管理。

在全寿命期的公路管理中，公路运营管理是公路规划管理和公路建设管理的目的，占据绝对的时间价值、社会价值和经济价值。因此，需要立足于运营需求来进行公路规划与建设管理。

1.1.2　新时期公路管理的现状

随着我国公路管理迈入现代化发展的新时期，《中华人民共和国公路法》《公路安全保护条例》及相关规范性文件和标准相继出台，信息化技术广泛应用，公路管理理念和模式不断创新，公路业务操作及管理技术得到很大程度的发展和规范。

（1）公路管理体制现状

我国现行的公路管理体制是按照"统一领导、分级管理"的原则建立起来的，已经形成了中央、省、地市、县四级较为健全的公路管理体制。

1）非收费公路

非收费公路建设、养护和管理的事权均以地方为主，但各省的管理模式差别较大。按照省、地市与县公路管理机构之间的关系，非收费公路的管理体制可分为三类：

①条条模式

省级公路管理机构直接负责国道、省道及部分重要县道的建设、养护和其他管理工作，地市公路总段、县公路段的人、财、物由省公路局实行垂直管理。县乡道路以交通运输局为主实施规划、设计、建设和养护管理，省公路局给予技术指导和一定的资金补助。

②块块模式

省交通运输厅只在业务上对各地市公路管理机构实施归口管理和指导，地市公路管理机构的人、财、物均在地方政府，受各地市交通运输局管理。地市以下的公路管理体制由各地市人民政府确定，一般来说包括两种，即地市以下垂直管理和条块结合管理。

③条块结合模式

一般是省公路管理部门将国省干线公路的管理下放到地市，但计划、财权在省公路管理机构。地市公路管理部门包括人事权在内的行政领导权归属当地政府。县乡公路仍由地市、县交通运输主管部门负责。根据地市公路管理机构与县公路管理机构的关系，又可分为两种管理模式：其一是地市公路管理机构对县公路管理机构实施计划、财权的管理，人事权则归属当地政府主管部门；其二是地市公路管理机构对县公路管理机构的人、财、物实行垂直管理。

2) 收费公路

我国收费公路的管理模式呈现多样化，各省之间不完全相同，同一省份也存在多种形式。目前主要呈现以国有公路集团公司和高速公路管理局为主体，以非国有公司和上市公司为补充，多种模式并存的发展势态。

①组建省政府授权并直接领导的国有独资或控股性质的高速公路总公司。该模式下高速公路总公司一般归省国有资产管理机构统一管理，直属省政府领导，省交通运输厅及其下属的行政管理机构依法负责高速公路的行业管理。

②组建由省交通运输厅领导的高速公路融资实体。省交通运输厅从融资角度将辖区内高速公路予以整合，成立独资或控股的高速公路总公司。

③组建事业性质的高速公路管理局或其他类似实体的事业机构。该模式下，省交通运输厅下设省高速公路管理局（简称高管局）对高速公路进行管理，高管局根据路段下设高速公路管理处，全面负责收费、经营、养护、路政和其他管理工作。其余路段由企业负责经营，高管局负责行业管理。

(2) 公路信息化管理现状

传统的公路管理方式影响交通运输效率。随着信息技术的不断发展，在公路管理过程中利用物联网、云计算等逐步成熟的技术，对公路的各项信息进行收集、传递与分析，实现对公路车流的正确引导和分流，减少堵车和交通事故的发生，使公路利用率大大提高，同时带动相关产业快速发展，大大提高了社会效益和经济效益。

1) 政府出台相关政策

2013 年 9 月 24 日，交通运输部发布《关于推进交通运输信息化智能化发展的指导意见》，以充分发挥信息化和智能化在引领交通运输转型升级、推动交通运输现代化发展中的重要作用。2016 年 4 月 25 日，交通运输部印发《交通运输信息化"十三五"发展规划》，重点开展"三推进、五提升、两保障"，共计 10 个方向的行业信息化工程。2019 年 5 月 31 日，交通运输部发布《交通运输信息化标准体系（2019 年）》，以有效解决部分标准滞后、引领性不强等方面问题，进一步明确当前和今后一段时期标准制修订任务，为交通运输信息化发展提供标准支撑。

2）基本建成统一的联网通行收费系统

我国高速公路从一开始就采取收费政策，收费采用开放式和封闭式两种方式。在高速公路发展初期和现在部分西部省份，主要采取开放式人工配合系统的收费方式，而大部分地区现阶段主要采用封闭式，以半自动收费方式为主、ETC 不停车收费方式相结合的省域联网收费，即收费具体业务管理、收费作业和系统建设按统一标准由各路段公司负责，联网中心负责收费分账工作。

3）基本建成安全监控调度体系

我国高速公路安全监控体系包括对高速公路路况和车流状况的数据采集、传输、监控显示和发布等。在高速公路网安装着众多的监控摄像设备，收集数据并传输到安全监控调度中心，通过对数据的分析实现对高速公路通行情况的掌握，并为高速公路管理提供决策依据。

4）综合信息管理系统处于开发建设阶段

公路信息化管理是智能化管理的基础，没有公路的信息化，智能化就无从谈起。智能化是建立在对公路数据交互处理之上的管理。要实现对公路的全智能化管理，就必须建立相对完善、综合的公路信息管理系统。综合信息管理系统应包括公路项目建设信息、路政信息、路况信息、道路养护信息等。我国在公路信息化和智能化管理方面进行了大量研究和实践，目前，通信传输、通行收费、安全监控等多项技术已经比较成熟。但是，在综合信息管理方面我国尚处于起步阶段，国内信息齐全且功能完善的综合信息管理系统仍在开发过程中。

（3）公路一体化管理现状

在早期的公路管理中，规划设计、项目建设和运营管理大多是分离的，由不同的部门分别负责执行。由于各阶段工作的分离进行，公路项目实施中的许多问题没有得到全面的考虑，影响了公路效益的发挥；同时，各阶段资料和数据的分散使得它们的价值得不到充分的挖掘，不利于开展管理和决策工作。随着公路建设工作的大规模展开，公路部门对公路管理工作的认识也在不断提升。

基于全寿命周期的"建管养用"一体化管理是公路管理的发展方向。以高速公路为例，管理工作包含了众多的工程技术、经济、管理学科方面的问题，是一项技术密集、结构复杂的系统工程。目前，以高速公路专营公司为主体，集项目融资、建设管理和运营管理工作为一体的管理模式已成了高速公路管理的趋势，由各阶段分离式管理走向一体化管理是高速公路管理工作的一大飞跃。但总体来看，我国公路一体化管理仍在初步探索阶段，还有待进一步的研究与发展。

基于公路管理体制、公路信息化管理和公路一体化管理现状的分析可知，目前，我国公路管理现代化发展存在以下几个方面的问题：

问题一：结构性问题。统筹化管理不足，公路管理部门及经营企业做了大量有益的探索和实践，但总体处于一种零散性、局部性、工具性的状况，一些地方随意性管理情况依然存在，庞大的、高速发展的公路网运行迫切需要系统规范、协调一致的管理技术体系和管理理论及方法去解决管理安全、质量、效能和使用问题。

问题二：统一性问题。共性管理不足，现有公路管理信息存在多、散和标准不统一等状况，不能很好地满足公路网络化管理需求，必须理顺管理体制，整合各方资源，协同工作环境，充分利用新一代信息技术集成管理信息，建立智联互通的管理系统和平台，应用管理理论开发可靠、可用的核心业务系统管理，用大数据实现精准管理、智能管理和共享管理。

问题三：体系化问题。专业性管理不足，全寿命管理是行业突出的问题，如何实现公路建设与运营的有机统一，公路设计、施工和养护的有机统一，运营前期(经营期)与全运营周期管理统一，运营管理中各项业务内容、形式、格式的统一，运营项目管理与区域性管理的协调统一等是关键。

1.1.3 公路管理现代化转型的新方向：专业数字化

在数字经济时代，数字化转型所带来的自主化、自动化可以使研究人员专注于创新而不是做重复性的工作，使管理者将注意力集中在更具战略性的任务上。《中国产业数字化报告2020》指出，产业数字化是指在新一代数字科技支撑和引领下，以数据为关键要素，以价值释放为核心，以数据赋能为主线，对产业链上下游的全要素进行数字化升级、转型和再造的过程。当数字化与某一特定类型的产业或企业融合时，就产生了"专业数字化"的概念，"专业数字化"与"产业数字化"是特指与泛指、个别与普适的关系。

数字化可以应用并融合到所有的传统产业，但与不同专业结合时表现出不同的特征。因此，在专业数字化转型中，需要考虑具体产业的特殊性与专业性，对战略、模式、方法手段进行创新。根据所在产业的行业背景、生产方式、经营模式、管理模式进行"对症下药"式的数字化转型有三方面需求：

（1）战略思路的创新：创新发展的本质是开发新兴产业、激活传统行业，实现价值提升。以公路为中心拓宽营收途径，进而衍生新的产业，如"公路+多种经营+新技术手段"的运营模式，既能实现公路多元化经营，又能提高公路管理效能。

（2）经营模式的创新：基于管理理论的发展变化，以跨行业的视野吸收各类标杆企业经营管理知识，建立适应国家产业政策和财税政策、实现经营效益最大化的经营管理方式。

（3）方法手段的创新：紧跟时代发展趋势，通过总结、改进，使管理系统化，应用新技术手段使主营业务质量、效率和管理效益得到量的提升。如运用"互联网+公路""大数据+公路"的智联公路使管理潜能得以激活。

1.2　公路专业数字化管理内涵与特点

随着"网络强国、数字中国、智慧社会"战略持续深入实施，数字化转型将深刻改变社会各行各业运行方式，数字化的应用领域从新一代信息技术产业加速向每一个传统行业领域深入，以加速实现新旧动能转换。将数字化与公路行业进行融合，利用数字化的手段进行公路管理，形成了"公路专业数字化管理"的概念。

1.2.1　公路专业数字化管理的内涵

1.2.1.1 专业数字化

专业数字化是指将数字化技术融入某一具体行业中，利用数据字典、物联网、移动互联等数字化技术实现行业基础数据的自动采集、关联、计算分析、演化决策的全过程智能化运行。专业数字化既是主体生产实践活动的工具和手段，又承担着主体的工作内容，还能实现对主体及其行为活动要素的监督与管理。

1.2.1.2 公路专业数字化

将专业数字化应用于公路行业就形成了公路专业数字化，即将具有适应性和指导性的管理理论与公路管理的法规要求与管理实践经验相结合，构建起具有公路行业特点的管理方法体系，同时对公路专业技术标准、规范和管理要素、条件等信息内容按一定的编码规则字典化，利用物联网和移动互联技术搭建起智联管理平台，实现从基础数据的自动采集、关联、计算分析，到演化决策全过程的智能化运行。

公路专业数字化为公路管理编织起既无形又有形的网络信息，时刻监督、引导、规范着活动主体的行为。因此，体现思维、方法、内容、行为现代化的公路专业数字化突破了互联网、物联网和传统信息系统的工具属性，在一定范畴内实现了从被用工具到使用工具的转化。

1.2.1.3 公路专业数字化管理

公路专业数字化管理是指公路管理领域运用专业数字化技术手段，集成行业管理中的基本业务规范、标准，利用公路专业数字化管理平台，实现对管理主体、要素条件的智能化管理。随着技术进步，万物智联和移动智联等技术手段将使公路专业数字化管理效能上升到前所未有的高度。公路专业数字化管理有以下三个层次的内涵：

（1）技术层次：将数字化技术集成到公路管理业务的所有环节中，从而使得业务运作方式以及为社会提供价值的方式发生根本变化；

（2）管理层次：基于数字化技术转型的新变革，使管理制度、组织、文化、业务流程等适应数字化变革；

（3）战略层次：在数字化与产业的深度融合下，产业的全领域、全过程、全业务链都获得了数字化的赋能，从而最大地提高专业的生产和管理效率。

1.2.2　公路专业数字化管理的特点

公路管理现代化是从理论到技术的全层次现代化，公路专业数字化管理为公路管理提供了集成的路径体系，主要包括三个方面的特点：

（1）管理理论更新。公路专业数字化管理突出数字资源的总结与预测功能，在多源巨量数据挖掘的基础上，能精准展现公路业务执行的演进路径和管理症结，有力支撑管理理论的适应性与深刻性。

（2）管理方法更新。公路专业数字化管理推动管理模式的革新、管理流程的再造，以数字资源为中心建构规范、共享、协同的组织体系，合理简化业务链条、重构业务模块、优化数据管理方式，从而提升管理效能。

（1）技术作为工程的构成要素具有以下特点：第一，个别性和局部性。技术总是工程中的一个子项或个别部分。第二，多样性和差别性。工程中诸多技术有着不同的地位，起着不同的作用，它们往往有不同的功能。第三，不可分割性。实际上，不同的技术作为工程构成的基本单元，在一定的环境条件下，以不可分割的集成形态构成工程整体。尽管这些技术往前追溯还可以分解成若干项子技术，但作为构成工程的基本单元而言，对其无限分解意义不大，重要的是有序、有效地合理集成，并形成一个有效的结构功能形态。

（2）工程作为技术的集成具有以下特征：第一，集成统一性。工程是若干技术及其相互关联中产生的整体，因此，无论是相对于工程存在的环境还是相对于技术关联的系统，工程都以统一体出现。第二，协同性。工程至少是由两个或两个以上的技术复合而成，不同技术之间具有相互协同关系——协同性。第三，相对稳定性。工程是技术的有序、有效集成，不是简单加合，其结构和功能在一定条件下具有相对稳定性。

2.1.2.2 资源要素

工程实践是改变世界和人们自身的实践活动，改造和建构活动离不开客观规律如物质、能量、时间和空间等的约束。因此，必要的资源条件是工程实践的基础和前提。资源的类型和禀赋甚至还在一定程度上决定了工程实践的发展路径。工程实践中主要的资源要素包括土地、资本、人、数据等。

（1）土地是工程实践资源系统中的一个基础性要素。新时期下，土地的稀缺性使得土地的价值越来越高，工程中土地要素的利用范围和作用方式也有了很大变化。

（2）资本是工程实践资源系统中的一种基本经济要素。工程活动必然需要一定的资本支撑，因此，在工程活动的筹划阶段，需要对工程可能获取的经济效益进行判断，一般地讲，要求有确定的效益，不管是政治、经济还是社会其他层面的效益，以此作为获取资本支持的前提。

（3）人是工程实践活动或者工程建构过程中最重要的变量。工程实践的主体要素是人，在每一次工程实践活动中，应使人这一资源要素充分发挥其专业知识能力和主观能动性，为工程创新做出贡献。

（4）数据资源是新时代下工程实践活动过程中重要的资源要素。数据资源广义上是指对一个企业而言所有可能产生价值的数据，数据资源通常存储在数据库

（3）管理工具更新。公路专业数字化管理的核心在于配套管理平台和系统的开发与应用，以实现理论、方法与管理实践的有机融合，并以此为载体建构行业交流和社会服务为一体的平台，共同推进公路专业和行业管理的进步。

1.3　公路专业数字化管理体系

1.3.1　公路专业数字化管理体系框架

随着我国公路里程的持续增加与公路网的不断扩大，国家对公路管理的要求也在不断提升，公路管理既要满足高效管理，更要满足高质量管理。因此，需要对当前先进的管理理论方法、专业技术和信息技术进行体系化的研究。

以公路管理理论方法作为导向、专业技术作为依据、信息技术作为手段，基于公路专业资产数字化模型（ADM），开发和运用公路专业数字化管理平台以实现公路管理目标，构成了公路专业数字化管理体系。公路专业数字化管理体系框架如图 1-3-1 所示。

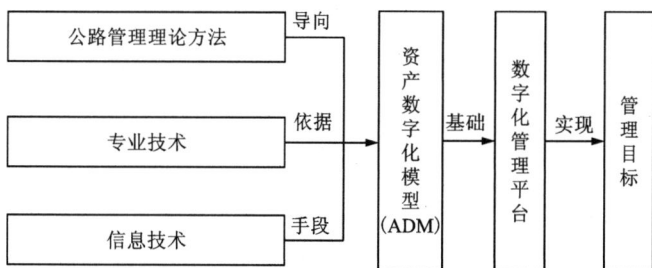

图 1-3-1　公路专业数字化管理体系

1.3.2　公路专业数字化管理体系内容

公路专业数字化管理体系包括公路管理理论方法、专业技术、信息技术、资产数字化模型（ADM）、数字化管理平台、管理目标等六大部分。

（1）公路管理理论方法

公路管理理论方法也称公路管理技术，公路管理理论方法包括公路管理文化、公路管理理论和公路管理方法，如图 1-3-2 所示。

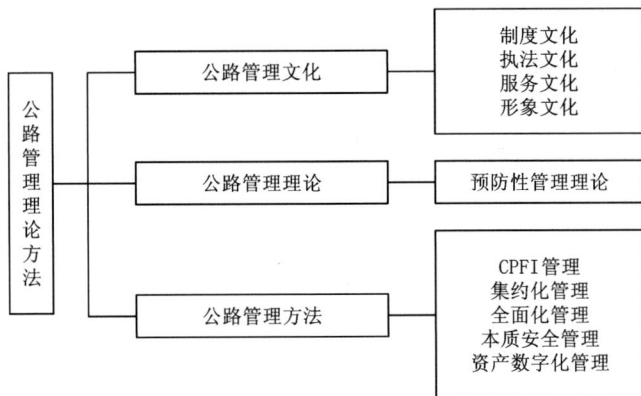

图1-3-2 公路管理理论方法

1)公路管理文化

工程管理的哲学认知是理论化、系统化的世界观、文化观、方法论的统一，公路管理作为工程管理在公路行业的实践，其文化建设受普遍性的工程管理哲学认知的指导，同时具有鲜明的公路行业特色。

公路管理文化是在公路管理实践过程中的文化积累和精神沉淀，能够带动员工树立正确的目标，并在为此目标奋斗的过程中保持一致的步调。公路管理文化包括形象文化、制度文化、执法文化和服务文化等。

2)公路管理理论

公路管理理论是从哲学层面认识公路管理本质，解决公路管理普遍性问题的一般原理，具有科学性和普遍适用性。预防性管理理论是建立在信息数据环境下，以因果逻辑推断为主，预判事件发展方向并采取对应措施的管理理论。"预"含事先、提前、预见，是预期目标设计之前提，其结论来源于实践过程的观察、思考、辨析、推论；"防"则是根据"预"做出的结论，对可能造成结果的不利因素及不合理情况提出防备和应对解决的方法。

3)公路管理方法

公路管理方法是运用公路管理理论解决公路管理实践问题的一般做法，具有技术性和特定针对性，是在公路管理理论的科学指导下，按照事物发展规律、规则，在实践中形成解决特定问题的一系列规范性做法，包括 CPFI 管理方法、集约化管理方法、全面化管理方法、"本质安全"管理方法和 ADM 管理方法。

①CPFI 管理

系统目标的实现需要执行力与控制力，执行控制的核心是 CPF 管理，即合同化管理、程序化管理与格式化管理。CPF 管理在实际应用中需要以信息化管理为基础，将管理要素、过程与目标等系统内容通过信息化平台的应用，实现执行操作信息化。在 CPF 管理的基础上加上信息化管理，就形成了 CPFI 管理，能够全面实现系统目标的管理与达成。

②集约化管理

在公路管理中，集约化管理的思想主要体现在集团化管理、"建管养用"一体化管理、单元化管理、"以点带面"管理和模块化管理这五种管理方法中。将数字化技术与集约化管理方法结合应用到公路管理中，通过整合人、财、物等资源，精简业务流程，能够达到提高资源利用效率和管理效率、事半功倍的效果。

③全面化管理

公路作为城市基础设施，其涉及的专业和参与方众多，资产数据庞杂、寿命期长、管理要素复杂。各专业之间彼此联系，各参与方的利益密不可分，资产数据贯穿于公路工程的全寿命期，公路工程的每个阶段都涉及众多的管理要素。由全资产管理、全寿命管理、全要素管理、全关联管理集成的全面化管理，能够实现对公路工程庞大资产、众多参与主体和复杂管理要素的全面动态关联管理。

④本质安全管理

本质安全管理方法是从本质上系统地认识导致建设和运营安全隐患的原因，按照本质安全哲学思维针对性地提出保障管理方法和技术措施。为确保公路管理安全，必须从本质上系统认识导致公路管理出现安全隐患的原因，按照本质安全哲学思维有针对性地提出保障管理方法和技术措施。

⑤资产数字化管理

资产数字化管理是根据资产价值规律、规范法规、标准及新技术、新方法与执行细则的内容和管理边界，利用互联网技术手段，建立企业全资产、工程全寿命、项目全信息、管理全要素的动态关联关系，在资产数字化的基础上对全部资产信息进行全方位、全关联的高效管理。

（2）专业技术

专业技术是人们将科学知识或技术研究成果运用于某一专业领域，以达到改造自然的预定目的的手段和方法。公路专业技术表现为在公路行业中实际应用的规范、图纸、工法等技术要素。专业技术具体包括规范标准、专用技术和系统创新等。

1）规范标准

规范性文件和标准的出台，能够使业务操作以及管理技术得到很大程度的发展和规范，保证业务内容的完整性和专业性、管理内容执行的规范性，以及执行格式的规范化、标准化。

2）专用技术

专用技术是指根据某一具体专业领域的生产实践经验和自然科学原理而发展成的专门用于该专业领域的各种工艺操作方法与技能，还包括相应的生产工具和其他设备，以及生产的工艺过程或作业程序等。

3）系统创新

系统创新是将最初模糊的想法明确成具体的问题，并通过一系列的分析步骤，应用一定的创新工具，在解决具体问题的创造性过程中不断调整和优化，从而得到最优的创新成果。系统创新的过程是不断反复的，在创新过程中可能需要跳回到之前的某个阶段进行重新调整，这种重复有可能是多次的，但每次的重复并不多余，每次的调整都是对成果的不断修正，最终得到最让人满意的创新成果。

（3）信息技术

信息技术通过现代化的信息、数字技术来实现工程管理过程的信息互联互通，为工程实践过程的问题提出事前预防、事中控制以及事后处理的解决方案，包括数字化技术、网络化技术以及智能化技术等。数字化是指将众多复杂多变的信息转变为可度量的数字、数据，形成一系列二进制代码，便于计算机处理。网络化是指利用各种计算机技术和网络通信技术，按照相应的标准化网络协议，实现分布在不同地点的计算机及各类电子终端设备的互联互通，支持在线用户共享软件、硬件和数据资源。智能化是指系统以数字化、网络化为基础，以海量的算据、强大的算力和先进的算法为支撑，所表现出的能动地满足人的各种需要的能力属性。

（4）资产数字化模型（asset digitization model，ADM）

在公路专业数字化管理体系中，资产数字化模型（ADM）处于重要地位。公路资产数字化模型是基于数字化映射原理，在虚拟空间构建的表征公路物理实体实时运行状态的一种模型，包括几何模型、静态模型和动态模型的叠加与融合。公路资产数字化模型从多维度、多空间尺度以及多时间尺度来对物理空间中的公路及其运营环境进行刻画和描述，是公路数字化管理的重要工具和条件。同时，公路资产数字化模型也是公路专业数字化管理平台运行的重要基础，一方面，公路专业数字化管理平台需要通过资产数字化模型来反映其管理对象的属性；另一方面，数字化管理平台的管理指令需要借助资产数字化模型实现虚拟空间与物理实体的联动。

（5）数字化管理平台

公路专业数字化管理平台是以公路管理理论方法、专业技术、信息技术为基础，通过大数据、物联网和移动互联等技术手段开发的数字化管理平台。该平台是数字化技术体系与公路专业深度融合的产物，能对相关管理信息数据进行采集、分析和决策，实现全面感知、互联互通、数据利用和协同管理，将有效提升管理的质量和效率，为公路运营企业实现治理能力现代化提供有效保障。

（6）管理目标

公路专业数字化管理目标是指公路运营企业利用数字化手段对公路资产进行管理，以期在路产经营、路产养护、路产管理、运营安全、运营成本、运营绩效等方面取得的成效。公路运营企业进行数字化管理和体系化管理就是为了实现各项业务的协同、工作效率的提升以及运营成本的下降，达到公路专业数字化管理目标。

第2章　哲学视野下的工程管理：公路管理文化建设基础

　　工程哲学是对人类依靠自然、适应自然、认识自然和合理改造自然的工程实践的总体性思考，是关乎工程实践的根本观点和普遍规律的学问。通过工程哲学对实践活动、实践经验、实践方法和实践成果进行引导性、创新性、批判性思考，不断探索总结新时期工程实践的特点、要素及其演化动力，并在实践中有意识地总结、提炼、深化，将工程实践经验系统化和理论化，并进一步指导实践，在实践—理论—再实践的认识循环中，逐步形成并持续优化对于工程管理世界观、文化观、方法论、使命等方面的哲学认知。

　　对工程实践具有普遍性的经验与教训的扬弃过程、创新与发展的辩证思维过程，就是提升对工程管理哲学认知的过程。而公路管理是工程管理在公路行业的实践，工程管理的哲学认知是理论化、系统化的世界观、文化观和方法论的统一，对公路管理文化的建设与发扬具有引导作用。公路管理文化建设是将高品质标准变成自觉的、常态化的管理活动的基础，规范和指引着公路管理实践中的行为。

2.1　新时期工程实践特点、要素与演化动力

2.1.1　工程实践的特点

工程是人类为了生存和发展，实现特定的目的，有效地利用资源，有组织地集成和创新技术，创造新的"人工自然"，运行这一"人工自然"，直到该"人工自然"退役的全过程的活动。实践是人们根据自身的需要，依靠自然、适应自然，并在认识自然的基础上能动地改造自然的有目的的活动，它实质上是人的能动性、目的性与客观化的过程。一般地讲，工程活动是指工程实践活动，而从广义来看，工程活动本身包含了工程理念、工程思维和工程实践；理念和思维是工程活动的指挥棒，实践则是工程活动的根基，是理念和思维客观化和现实化的过程。

因此，工程实践是创造和建构新的社会存在物的人类实践活动，其本质在于造物，并在此过程中进行知识检验、创新与文化创造，具有功能目的性、时代呼应性、文化承载性、知识迭代性的特点。

（1）功能目的性

工程实践是有目的、有计划地建构人工实在、人工系统的具体历史性实践过程，是在人的某种观念、意识（理念）的主导下人为建构出来的，是思维引导存在、理念支配行动的自觉实践结果，打上了人的思维和实践创造的深刻印记。

工程实践的功能目的性在于工程是为满足人们的需要建设的，工程的目的性使它具有明显的功能价值，通过工程目标的实现，提高其工程价值。例如，公路是为公众出行所需并提供社会公共服务功能的构筑物。

（2）时代呼应性

人类文明经历了原始时代文明、古代文明、近代文明和现代文明等阶段。随着人类文明的发展，相应出现了具有时代特征的工程实践活动。工程实践的时代呼应性在于反映时代特色并紧跟时代前沿。原始社会的工程实践以生存为目的，其知识含量低且发展缓慢。随着技术的进步，原始工程实践逐渐过渡到古代工程实践，其主要特征是出现和形成了社会分工，并造就了一批专业工匠。随着文艺复兴和资本主义生产关系的出现，以及早期工商业活动的兴起，工匠技术得到了大幅度革新，近代工程实践逐步出现并快速发展。20 世纪以来，基础科学特别是物理学的发展促进了现代工程实践的产生和发展。与近代工程实践相比，现代工

程实践的目标和理念已经提升到了新的层次，其实践的领域以及方法、手段等方面都取得空前的发展。

（3）文化承载性

文化是人类社会的特有属性，对于社会中的某一群体而言，文化是集中体现该群体的精神、理智和情感的内在和外在的行为规则；文化被该群体"物化"于其行为结果中。工程实践作为一项群体实践活动，也蕴含着工程文化。工程文化是人们在从事工程实践活动中，所创造并形成的关于工程的思维、决策、设计、建造、生产、运行、管理的理念、制度、规范、行为规则，甚至习俗、习惯等。

（4）知识迭代性

从知识角度看，工程可以看成是以一种或几种核心专业技术加上相关配套的专业技术知识和其他相关知识所构成的集成性知识体系。在认识自然、发展社会生产力的过程中，人类积累了有关科学、技术、工程、产业等方面的知识，从而构成了"科学－技术－工程－产业"的知识链和知识网络。

工程实践的知识迭代性在于，在"科学－技术－工程－产业"知识链这条认识逻辑关系的链条中，工程处于知识链中间的关键位置，在工程实践过程中对工程实践的科学、技术知识进行检验、更新和创新。

2.1.2　工程实践的要素

工程实践是人类运用各种知识（包括科学知识、经验知识、工程知识、管理知识等）和必要的资源、资金、劳动力、土地、市场等要素并将之有效地集成起来，以达到一定的目的——通常是得到有使用价值的人工产品或技术服务——的有组织的社会实践活动。因此，工程实践活动是诸要素的集成，这些要素中主要包括技术、资源和管理三大类。

2.1.2.1 技术要素

从技术观点出发看工程，表现为：一方面，技术是工程的构成要素，技术必须动态地、有序地嵌入到工程系统中（包括工程设计过程、建造过程、生产制造过程、运输传送过程、信息传递过程、维修过程、故障诊断治疗过程等），才能发挥各项技术的功能和效率；另一方面，工程是不同形态的技术要素的系统集成，是核心专业技术和相关支撑技术的有序集成，技术知识、技术方法、技术手段、技术设备是工程实践活动必不可少的前提和基础。

管理系统或其他软件(例如电子电子表格)下的数据库中,包括自动化数据和非自动化数据。新时代下,数据资源为工程管理者提供了更快、更有效的数据管理基础。现阶段工程实践活动的大多数业务流程都已数字化、信息化,但不可否认纸质文本仍在业务运营中发挥着重要作用。

2.1.2.3 管理要素

集成、构建工程实践活动的目标是为了实现要素-结构-功能-效率的协同、持续优化,但工程实践的实际过程和效果往往是非常复杂的,因而是需要管理要素——工程管理的组织与控制,以实现管理目标。工程管理从不同的角度解读有不同的内涵,具体如下:

(1)工程管理的目标是取得工程的成功,使工程达到预定的功能和质量要求、具有良好的工程经济效益、符合预定的时间要求、使工程相关者各方面满意、与环境协调、具有可持续发展能力。因此,工程管理是多目标的管理。

(2)工程管理是对工程全寿命期的管理,包括对工程前期策划的管理、设计和计划的管理、施工管理、运行维护和健康管理等。

(3)工程管理是涉及工程各方面的管理工作,包括对工程技术、质量、安全和环境、造价(费用、成本、投资)、进度、资源和采购、现场、组织、法律和合同、信息等方面的管理。

(4)工程管理是以工程为对象的系统管理方法,通过一个临时性的、专门的柔性组织,对工程建设和运行过程进行预测、决策、计划、组织、控制、反馈等,以实现工程总目标。

此外,新时期工程实践在适应、利用和改造自然的过程中,对管理要素也提出了管理数字化、资源系统化、价值多元化等新要求。例如,公路专业数字化管理能够促进管理方法的更新,通过主导管理模式的革新、管理流程的再造,以数字资源为中心建构规范、共享、协同的组织体系,合理简化业务链条、重构业务模块、优化数据管理方式,从而提升管理效能。

2.1.3　工程实践的演化动力

作为一种基本的人类社会活动,工程实践不是静止不变的而是不断演化的。社会发展、技术进步、管理创新等因素会直接对工程实践的演化发展产生重要影响。

以公路的发展史为例,公路作为重要交通运输基础设施,始于社会的交通运输需求,随着经济发展、技术进步及管理创新,新技术手段的应用使公路主营业务质量、效率和管理效益得到量的提升,并在新理论、新方法指引下,公路领域建立起新的运行模式,在强化主营业务质量、效率的同时实现跨行业发展和管理效益质的提升。

(1)社会发展

社会发展是公路演化的重要动力,因为社会发展会不断产生新的需求。公路的功能需求和社会属性使公路的规划建设、维修养护、路产管理必须充分考虑使用的因素,即必须考虑公路使用条件的安全性、环保性、舒适性和未来智能交通的需求。一方面,公路实践活动始于人类需求,满足人的交通运输需求是公路建设最初的最直接的动因。另一方面,在历史进程中,人的需求是不断提升和发展的,不仅有物质方面的需求,而且有精神、文化、心理情感和艺术方面的需求。当原有的公路实践活动满足了人类已有的生存和发展需要后,往往又会引起人类新的、更高级的需求,例如享受的需求、审美的需求等,由此牵引和拉动着公路实践活动做出新的选择、新的调整,促成公路实践的不断演化。

(2)技术进步

纵观物质性工程的演化脉络,技术和技术进步是基本要素和重要推动力,技术是物质性工程中不可缺少的要素,公路工程也不例外。以信息技术、通信技术和电子技术为核心的现代智能运输科学技术的不断发展和产业化,正在对各国的交通运输发展和升级改造产生深刻影响,也为我国公路行业的科技突破,实现交通运输生产力跨越式发展提供了良好机遇。例如,将数字化技术集成到公路管理业务的所有环节中,促使业务运作方式以及为社会提供价值的方式发生根本变化。

(3)管理创新

管理创新是理论、模式的创造和运用,是主观能动意识的体现。新时期下管理领域创新管理、以人为本、物流管理、学习型组织、变革管理、危机管理、预防性管理、集成化管理、知识管理、精益制造、虚拟组织、并行工程等新理论在工程管理中的应用,大大促进了工程实践中管理理论和方法的发展。例如,广州珠江黄埔大桥建设有限公司在预防性管理理论指导下建立起的公路专业数字化管理体系,形成了"三位一体"的路产养护管理、"五星服务"的路产运营管理、"三巡两检一控制"的运营安全管理、"五有行为"的运营绩效管理,这些具有创新特征的管理方法实现了企业精神文化与物质文化和工作"点"与"面"的无缝衔接。

2.2　工程管理的哲学认知

在认识新时期下的工程实践特点、要素及其演化动力的基础上，需要通过工程管理解决工程实践中的一系列问题。工程管理是用系统工程的方法去论证、设计、建造和运行工程项目，它的任务是调动各方资源，通过科学论证、设计、建造、运行，最终保证工程的成功。

从哲学的角度看，工程管理是关于工程实践中人的地位与作用，人与人、人与工程、工程与社会、工程与自然的关系和互动的科学、技术与艺术。工程管理有三方面的内涵：其一，人的主观能动性和创造性是工程管理的关键；其二，认识工程所涉及的要素的关系和互动是工程管理的前提；其三，工程管理是科学、技术、艺术的集成体。工程管理具有自身独特的存在方式和哲学特征。运用哲学的思维认知和思考工程管理世界观和文化观，是对工程实践中的人、自然、工程关系等的总体把握和规定，也是形成工程管理方法论的基础。

2.2.1　工程管理世界观

世界观是指人们对整个世界（即对自然界、社会和人的思维）的根本看法，世界观主要解决世界"是什么"的问题。一般而言，世界观问题包含着人类对世界的整体看法。但是，现实中的人们总是生活在"具体的世界"即"局部的世界"之中，他们的世界观首先是对自己所处的局部世界的认识。各个局部世界的认识，是整体世界认识的基础。只有对各个局部世界认识的总和，加以进一步的抽象和概括，才有可能形成整体的世界观。

因此，本书探讨"工程管理世界观"这个局部（领域）世界观的意义在于：工程管理世界观渗透到工程活动的全过程，只有正确的工程管理世界观才能科学合理地指引工程管理者优化管理目的、端正管理态度、实现管理价值，正确的工程管理世界观是实现工程可持续发展的根本。

工程管理世界观涉及两方面的问题：一方面是工程管理者对于管理活动的总体看法（即总体观），是从哲学层面对工程管理的思考；另一方面是管理者对管理价值的根本态度（即价值观），体现的是管理者在工程管理过程中的价值追求。

2.2.1.1 总体观

总体观是从传统管理哲学角度，认知工程管理活动。中国传统管理哲学思想是在历代管理者和思想家总结了中国数千年的管理实践基础上形成并发展起来的。以儒、墨、道、法为代表的诸子百家应运而生，并提出了适应自己阶级背景的管理主张与治国举措，并以此为思想基础进行了细致的哲学论证和激烈的百家争鸣。

鹧鸪先生黄宗炎认为上古三代之时，有德之人即有其位，像尧、舜、禹那样，天下之人无不备受其泽。在此基础上，他以为上古之人从天子到黎民，都是德位相称，也就是内在品质与外在事业相平衡，代表外在功业成就之五品与文明教化的五教不在现实生活之外，而在平水土、播百谷等社会生活之中，表现在社会实践的各个方面，即道德法功的谐和统一。

工程管理也不例外，其总体观讲求"道德法功的谐和统一"。如图 2-2-1 所示，"道"讲求"道法自然"基础上的"无为而治"，体现的是疏导、控制、正德、无名、无为；"德"是体现工程管理活动的基本价值取向，推崇道法自然，遵循自然法则，提倡天人合一，信奉众生平等；"法"是实施管理的基础，依法治理，依法管理，并把工程实践行为约束在一定的秩序之内；而"功"强调在实现管理目标过程中义与利间的取舍，在实践中，既要坚持"义"（仁义道德原则），又要谋求"利"（有利于实现工程目标的功绩），正其义而谋其利，明其道而计其功，真正做到义利的真正统一。

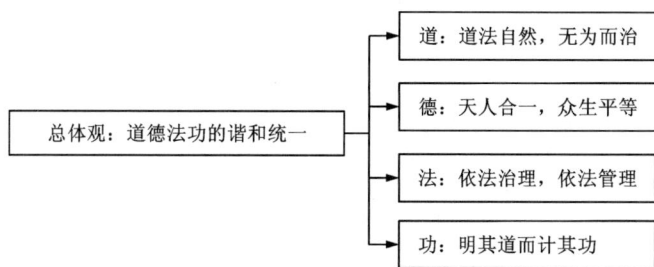

```
                              ┌─→  道：道法自然，无为而治
                              │
                              ├─→  德：天人合一，众生平等
总体观：道德法功的谐和统一  ──┤
                              ├─→  法：依法治理，依法管理
                              │
                              └─→  功：明其道而计其功
```

图 2-2-1 工程管理的总体观

（1）"道"

道家管理哲学的最高范畴是"道"，"道"是"天地之根""万物之母"，既指宇宙万物根源，又指万物运动变化规律。"道法自然"是道家管理思想的哲学基础，在此基础上提出的"无为而治"则是道家管理思想的核心内容和基本原则。"道"讲求疏导、控制、正德、无名、无为，强调在目标实现过程中，管理者应做到恩威并济、执行疏导与效果控制并重，强调"为政以德，譬如北辰，居其所而众星拱之"（《论语·为政》），追求"道常无为而无不为"（《老子·道德经》），使执行者追求高质量目标成为常态化的活动。

（2）"德"

以"德"为主要特征的中国儒家管理思想具有独特性和融通性，对内聚合道德，对外吸纳文明。儒家认为，治人先治己，而治己应以德为主，这是管理者的"大事"。至于凭借外在权势和刑罚治人，那只是"末事"，而非"大事"。故在"无为而治"的手段上，儒家主张通过"道之以德"达到"无为而治"的目的。这样，管理者就不必绞尽脑汁地去考虑和处理管理的具体事务，更不必费尽心机地去指挥人们做这做那，而只要集中精力制定和带头实行道德规范，就足以把工程管理好了。这就是道德导向的"无为而治"，通过主动积极地参与工程管理世界观认知的构建，并从中获得新的精神生命。

（3）"法"

"法"即"制度法则"，是为达到某种目标而订立的执行技术标准的办法、规章之类的强制性制度，是实施管理的基础。法制，即依法治理、依法管理，是现代管理科学中的一个重要原则。这里说的"法"是广义的，除政府颁布的法令，还包含规章制度、组织纪律、工艺规程等。通过这些，把人们的行为约束在一定的秩序之内。美国管理学家雷恩在其名著《管理思想的演变》中提到：形成集体组织的首先是各种具有不同需求、不同能力和不同价值准则的人。从人们的参差不齐中，必须逐步形成某种协调一致的共性，所有加入集体的人，都要遵循一个"契约"，即为了维护该集体而定出的共同章程。

（4）"功"

所谓"功"即事功，亦即事业和功绩，这是古文献中最早将事功作为人生和社会价值的说法。事功思想主张的是正其义而谋其利，明其道而计其功，即把美好的愿望与完美的效果结合起来。义利并不是截然对立的，关键要看这个"利"是毫无节制的一己私欲，还是赐福众生的天下之利。德行高低是一己身心之修养，是对内在与个体方面而言，而错诸事功由内向外作用于外部世界，则谓之行为，内在之德与外化之行并非可以分离的，唯有身心成就、躬行实践，把道德理论付诸具体的孝悌忠信的活动，它才具有现实意义。

2.2.1.2 价值观

价值观是人对事物的根本看法和观点，是人对客观事物的理解。管理价值观是人们对待管理价值的根本观点和态度，既是人们对待管理价值的根本性心理体验和管理意识，也是支配人们选择和创造管理价值的根本性主观动机和指导思想。

工程管理价值观是对工程管理活动发展和认识史的积淀和结晶，即工程管理价值观是建立在对工程管理发展历史的负性反思、历史经验的基础上，以正向价值思维去反观现实的工程管理活动，在按照经验规律、结合科技手段实现管理价值与目标的同时，引导管理活动实现自我超越。

因此，工程管理价值观并不仅仅是对工程管理实践经验的概括、总结、归纳，更重要的是对管理活动、管理经验、管理方法和管理成果的批判性反思、规范性矫正和精神性引导，这就要求工程管理价值观必须具备正向兼容性、时代兼容性、经验系统性、普遍适用性以及自我创新性。

中国以两弹一星工程、载人航天工程、三峡水利枢纽工程、青藏铁路工程等为代表的一大批重大工程和遍及全国的市政建设工程取得了举世瞩目的成就。《工程管理论》通过对这些工程实践的系统研究，提炼出工程管理的价值观是以人为本，天人合一，协同创新，构建和谐，其核心是指导工程实践主体履职尽责、奋发有为以实现其价值追求。

（1）以人为本

"本"有两种含义：一是来源，二是根本。"以人为本"中的"本"是根本，是事物的根源、基础、最主要的部分。工程管理中以人为本的价值取向在于，强调人是工程活动的最终目的，工程建设的最终目的是为了人，要肯定在工程活动中人的主体地位与作用，工程活动中要尊重人、依靠人和爱护人。主张人是工程活动的根本目的，回答了为什么要进行工程活动，工程活动是"为了谁"的问题；而主张人是工程活动的根本动力，回答了怎样进行工程活动、工程活动"依靠谁"的问题。"为了谁"和"依靠谁"是分不开的。一切为了人，一切依靠人，二者的统一构成工程活动以人为本的完整内容。

（2）天人合一

人类生活的世界是由自然、人、社会三个部分构成的，以人为本的新发展观，从根本上说就是要寻求人与自然、人与社会、人与人之间关系的总体性和谐发展。在工程管理中，"天人合一"是指工程与人、工程与社会、工程与自然的和谐统一。它不仅仅是指工程环境，诸如工程决策、工程经济、工程质量与工程艺术都是在以人为本的前提下贯穿着天人合一的红线。

（3）协同创新

工程创新是工程实践中充分发挥人的主观能动性的最好体现。工程创新的原动力来自以人为本和天人合一，以人为本要求工程更加人性化，以便更好地为人类服务，天人合一则要求工程又好又快又经济，这些要求都促使了工程不断进行创新。而技术创新与管理创新的结合，即二元创新的成功与否决定了工程创新的成败。其中管理创新则是指组织形成创造性思想并将其转化为有用的产品、服务或作业方法的过程。技术创新与管理创新是工程进步的统一助推器，技术是生产力，管理是生产关系，两者相辅相成，辩证统一地存在于工程的发展中。因此，需要在以人为本的前提下，同时进行技术创新与管理创新，并将二者有机结合。

（4）构建和谐

构建和谐是工程的终极目标。无论是在建设阶段，运行阶段还是退役阶段的工程实践，都应当构建和谐。就工程建设阶段而言，任何工程的建设都是打破了原有的平衡。工程规模越巨大，它对环境对社会的影响也就越大，对原有的环境与社会的平衡，产生了巨大影响。在工程建设完工之后，构造了一个新的平衡。如果这个新的平衡能够优于原有的平衡，那就是构建了和谐。否则尽管一个造物过程完成了，但是从系统的观点来说，这个工程还是没有很好完成的。

2.2.2 工程管理文化观

文化观是指长期生活在同一文化环境中的人们，逐步形成的对自然、社会与人本身的基本的、比较一致的观点与信念。目前，学术界对文化结构划分的观点很丰富，主要表现为三层次说和四层次说。

文化三层次说的代表性观点有两种：一种是张德的观点，他将企业文化概括为符号层（建筑物、设备、厂服、名称、产品、技术等）、制度行为层和理念层三个层次；另一种是杨承礼的观点，他把文化内容表述为精神层、制度层和器物层三个层面。持文化三层次说观点的共同特征是认为精神文化是文化系统的核心，其余的都是精神文化的外显，且提出将制度作为一种连接深层与表层的中层文化。

国内最具代表性的文化四层次说是陈春花的"同心圆说"，她将企业文化划分为物质文化、行为文化、制度文化、精神文化四个层次。文化四层次说的观点认为物质文化是精神文化的直接反映，精神文化是文化系统的灵魂，行为文化是组织文化的外在表现，行为是在精神的作用下产生的，即行为是精神的反映。因此，组织可以通过确立组织精神来规范员工行为，起到潜移默化的软性约束作用。制度文化是一定精神文化的产物，它必须从各方面体现精神文化的要求。而精神文化又是通过制度文化得到认可和固定的，并以强制的方式在组织内传承下来。

由于工程是社会性、群体性的行为活动，而管理又是对人进行的一项涉及组织和指导人类各种实践活动的行为活动。因此，对于工程管理而言，行为是管理过程中重要的一环。如图 2-2-2 所示，在工程管理过程中，文化引导管理方式和管理目的，而管理方式和管理目的影响管理行为，管理行为进而影响管理成效。同时，管理成效的结果反馈可以促进管理文化的更新，即通过管理成效的结果反馈改变管理行为，而管理行为又对管理方式和管理目的具有反馈作用，从而促进管理文化的凝练、更新与完善。

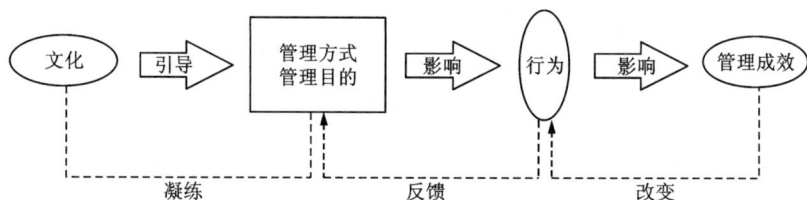

图 2-2-2　文化与行为的关系

在图 2-2-2 中，行为是管理过程中具有可操作性的一环，行为一方面可以外化为物质层面的外在物质形态，另一方面可内化为制度层面的行为规范。因此，在工程管理文化观中，行为文化是其重要的构成内容之一。通过分析行为文化在管理文化中的重要作用，并参考陈春花的文化四层次"同心圆说"，本书将工程管理文化观划分为物质文化、行为文化、制度文化、精神文化四个层次，如图 2-2-3 所示。

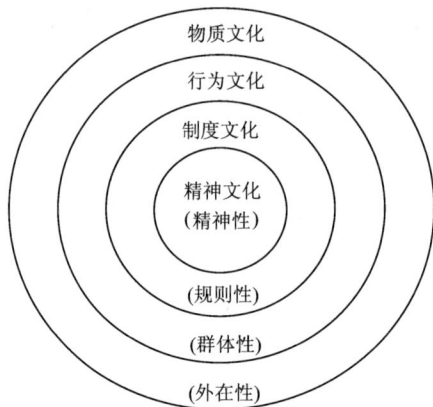

图 2-2-3　工程管理文化观

2.2.2.1 物质文化

工程管理的物质文化是通过物质形态展现出来的一种表层文化，对应的是外在性的属性，它是工程管理文化观中其他文化的物质基础、物化形态和外在标志，是一种通过工程设施和各种有形实物表现出来的、具体而实在的、最容易被感知和改变的文化。物质文化既是形成工程管理制度文化和精神文化的物质条件，又是工程核心价值观念的物质载体。没有具体的物质文化，制度文化与精神文化就不能得到传承和发展，工程管理文化观的功能也无从发挥。物质文化以其可见的形式体现了工程管理活动中对于工程主体行为的要求，它能给工程组织成员和相关群体以感性的冲击和熏陶，同时又是工程共同体的制度规范、行为准则、精神境界、价值追求和审美意识等的具体反映。

物质文化的要素包括蕴含工程知识、工程技术、工程传统和表达工程理念、工程风格、工程艺术、工程精神的各种人造物及其物质基础和生产资料，如工程建构物，工程组织或项目的标识、品牌形象和产品广告，工程建造用原材料、施工场所、技术设备和劳动工具，文化、教育、生活和体育类基础设施等。

2.2.2.2 行为文化

工程行为内含于工程活动中，并通过工程活动和工程主体的行为得以外向展示。行为文化的内容是非物质性的，它内含于工程活动中，并通过工程活动和工程主体的行为得以外向展示。工程管理的行为文化主要体现在领导者(管理者和直接投资者)、先进模范人物和员工(工程师和工人)的作风和行为准则上。

（1）领导者的行为文化

领导者是组织文化的管理者、推动者、变革者以及行为规范的倡导者和示范者，他们需要思考并回答组织文化中诸如组织使命、愿景和核心价值观等深层问题，并从全局的高度把工程管理文化建设纳入组织发展战略，贯彻到日常管理和各项具体工作之中，以自己正确的价值观和良好的言行对员工产生示范和带动作用。

（2）先进模范人物的行为文化

先进模范人物是工程组织中的榜样，其行为可分为先进模范的个体行为和群体行为两类。工程组织中先进模范个体的行为集中而卓越地体现了工程组织的价值观和工程精神的某个方面，具有先进性和感染力，其模范行为和突出表现可以成为组织内其他成员仿效的典范和学习的榜样。一个工程组织中所有模范人物行为的集合和提升构成了先进模范群体的行为，这种行为是工程组织价值观的综合体现，并成为所有组织成员的行为规范。

（3）员工的群体行为文化

员工是工程组织的主体和最为活跃的群体，其基本成员是工人和工程师，具体包括设计人员、专业施工人员、供应商、技术咨询和服务人员等，他们是物质财富和精神财富的创造者，也是工程管理文化的最终建设者。员工的群体行为可以在很大程度上反映工程组织和项目团队的整体精神风貌和文明程度。

2.2.2.3 制度文化

工程管理的制度文化是连接和规范工程组织成员社会关系的规则形态、组织形态和管理形态等的总和，是在制度层面制约工程管理行为。制度文化是工程组织从自身目标出发，从文化层面对员工行为采取一定限制的外显文化，带有强制性、规范性、引导性和可操作性的特点，塑造、规范和约束着工程组织中各参建方群体(如工程建设单位、勘察单位、设计单位、施工单位、工程监理单位及其他有关单位)和成员个体的行为，也反映了工程组织及其成员的价值观、职业道德取向和精神风貌。

制度文化的转化有两个方向：一是外化为物质形态和行为表现的文化，为工程建设主体的具体行为提供应遵循的行为规范；二是内化为精神形态的文化，即将精神文化融入制度文化建设中，体现工程组织的精神实质。作为精神文化的反映和产物，制度文化是工程建设活动法制化、规范化和标准化的具体体现，其中的关键要素是工程规则和管理制度。

2.2.2.4 精神文化

工程管理的精神文化是工程管理文化观的精髓和本源，是对工程人行为影响最深的、具有精神属性的文化。工程管理的精神文化主要指工程组织的各参建方和全体成员认同和共同信守的工程理念(意识)、价值观念、经营哲学、工程精神和道德规范等，它反映的是工程组织成员为达到整体目标而表现出来的群体意识形态和精神状态。精神文化的要素和内容主要包括工程哲学、工程管理核心价值观、工程理念、工程精神、工程伦理道德等。

2.2.3 工程管理方法论

现代工程规模宏大、结构复杂、参与主体众多，工程管理活动远远超出纯技术、经济的范畴，成为一项跨越工程、管理、社会、经济、文化、伦理、生态等领域的复杂社会活动。工程管理方法也越来越复杂多样，不断"升级"。从哲学层面对工程管理进行理性反思的同时，可从不同层次上开展对工程管理方法的研究。

(1)从工程管理的哲学层次进行分析和研究，研究具有普适性的问题。这是研究工程管理方法的最高层次，是具有最高抽象性和最普遍理论性的层次。

(2)研究具体的工程管理方法中"蕴含""蕴藏"和"体现"的理论问题，这是"接地"层次，离开了这个层次的分析和研究，工程管理方法论就会成为无源之水、无本之木，成为空中楼阁。

(3)从中间层次，即工程管理学和系统工程方法层次，进行分析和研究。中间层次研究的优点是它既可以弥补哲学层次研究中可能出现的"抽象性过强而现实性不足"的缺陷，又可以弥补基础层次研究中可能出现的"囿于具体现象而理论性不足"的缺陷。

因此，工程管理方法论可分为哲学方法论、系统科学方法论、项目管理方法论三个层次。

2.2.3.1 工程管理哲学方法论

工程管理哲学方法论是工程管理领域最抽象、最高层次的思想方法，它从系统观、辩证观、和谐观等角度，对工程管理过程、模式、规律等进行哲学思辨，得到指导工程管理研究和实践的普遍原则和思维模式。工程管理哲学方法论的主要内容包括实事求是、矛盾分析、知行统一、辩证思维、真理尺度和价值尺度统一。

（1）实事求是

实事求是是中国的一个古老命题，本意是指一种做学问的态度，但已包含朴素唯物论和辩证法思想。坚持实事求是的方法，发现事物情理的真实联系，是工程管理的基础，也是保证创新方向正确的向导。

（2）矛盾分析

工程作为改造社会、构建"人工自然"的造物活动，与人、自然、社会的矛盾不可避免。在工程管理中，一定要正视矛盾，区分内部矛盾和外部矛盾、主观矛盾和客观矛盾、主要矛盾和次要矛盾以及矛盾发展的不平衡性，相应地找准应对、化解的方法，并且按照轻重缓急的次序解决矛盾。

（3）知行统一

"知"就是认识；"行"就是实践，古人叫践履。知和行的关系就是认识和实践的关系。工程管理的理念、原则、手段、方法、策略、路径等都是从工程管理实践中总结和概括出来的，不是主观自生的。因此，工程管理理论研究要坚持"实践第一"的观点和方法，重视调查研究。

（4）辩证思维

辩证思维有十分丰富的内容和多样的形式，辩证思维方法已经成为人们认识世界的基本工具和各个领域从事各类研究的基本方法。工程管理也需要使用这些已被实践证明的行之有效的方法，包括归纳、解剖、分析、发散、收敛、抽象、具体等。

（5）真理尺度与价值尺度统一

在实践中，真理既是引导和制约实践的客观尺度，又是实践追求的价值目标之一；价值是实践追求的根本目标，同时又是引导和制约实践的主体尺度；真理和价值在实践基础上统一起来。面对工程管理价值多元化的问题，经济利益不再成为唯一的目标，坚持真理尺度和价值尺度统一的方法，可以有效避免"一叶障目"的局限性，真正实现天人合一和构建和谐的工程管理宗旨。

2.2.3.2 工程管理系统科学方法论

工程管理系统科学方法论通过创造性地综合运用和发展系统科学方法论的基

本思想和基本方法，并运用相关的系统工程分析技术，进行系统建模、系统分析、系统预测、系统设计、系统综合、系统评价和系统决策。主要的系统科学方法论有霍尔方法论、切克兰德方法论、综合集成方法论、物理–事理–人理方法论以及大系统分解协调方法。

（1）霍尔方法论

霍尔方法论是美国著名的通信工程师和系统工程专家 A. D. Hall 于 20 世纪 60 年代提出的。霍尔方法论将系统工程的全部任务分解为紧密相连的七个阶段和七个步骤，并同时考虑为完成各阶段和各步骤中的活动所需要的各种知识，进而形成由时间维、逻辑维和知识维构成的三维结构模型，如图 2-2-4 所示。

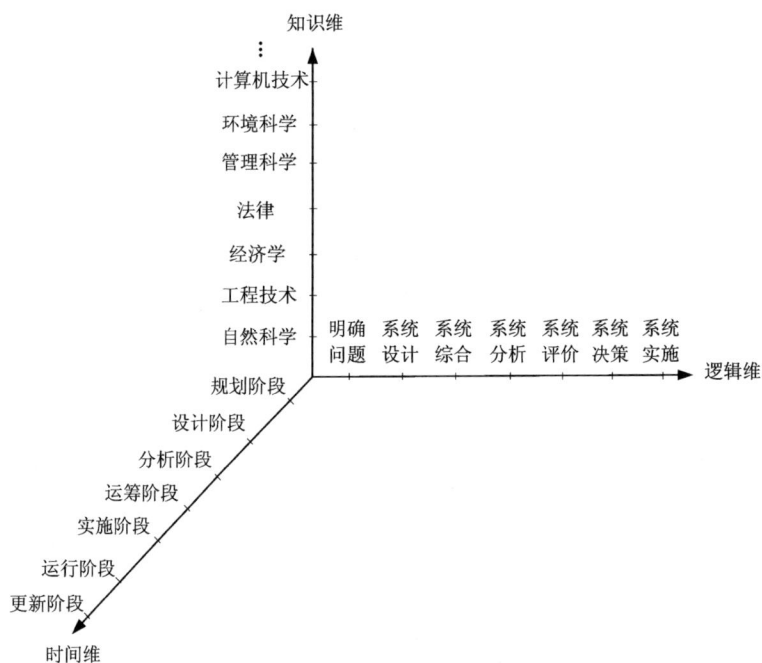

图 2-2-4　霍尔三维结构模型

时间维表达的是系统工程从开始启动到最后完成的整个过程中按时间划分的各个阶段所需要进行的工作，是保证任务按时完成的时间规划；逻辑维是指系统工程每一阶段工作所应遵从的逻辑顺序和工作步骤；知识维是指完成上述各阶段、各步骤中的工程活动所需要的各种专业知识和管理知识。

（2）切克兰德方法论

切克兰德方法论是英国兰切斯特大学 P. Checkland 教授提出的系统工程方法论，其核心不是寻求系统的"最优化"，而是"调查、比较"或者说是"学习"，从现状调查和模型比较中，学习改善现存系统的途径。切克兰德方法论的问题处理流程如图 2-2-5 所示。

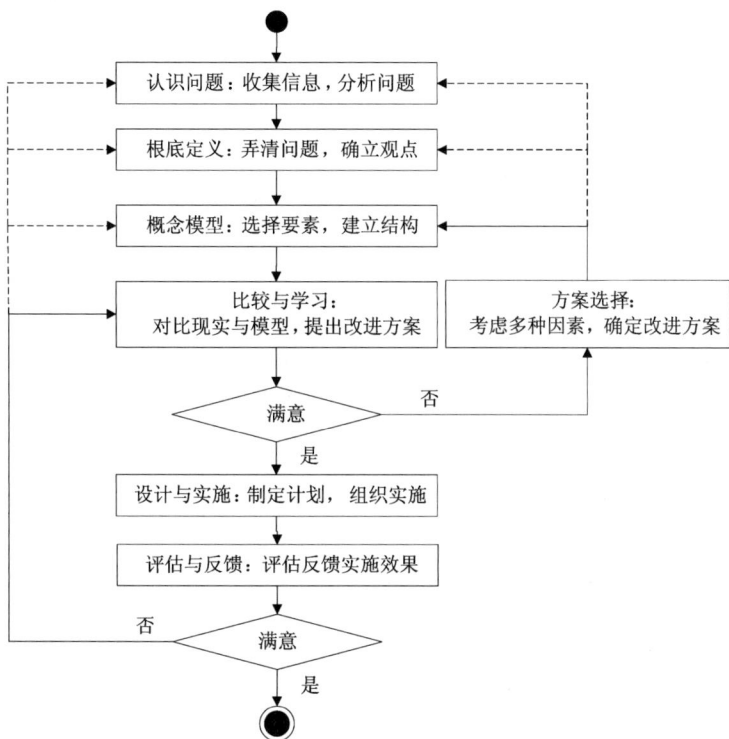

图 2-2-5 切克兰德方法论的问题处理流程

（3）综合集成方法论

综合集成方法论的基本思想是：研究系统工程问题时，首先从系统的整体出发，通过有机结合科学理论、经验知识和专家判断力，形成系统问题的经验性假设，例如对问题的判断、猜想、思路、方案等；再利用现代信息科学与技术建立一个高度智能化的人机结合、以人为主的决策分析系统，通过多领域专家的共同研讨和人机交互，在反复比较的基础上，不断进行系统分析和系统综合，实现对问题从定性到定量的认识，逐步对经验性假设做出明确的科学结论。综合集成方法的工作流程如图 2-2-6 所示。

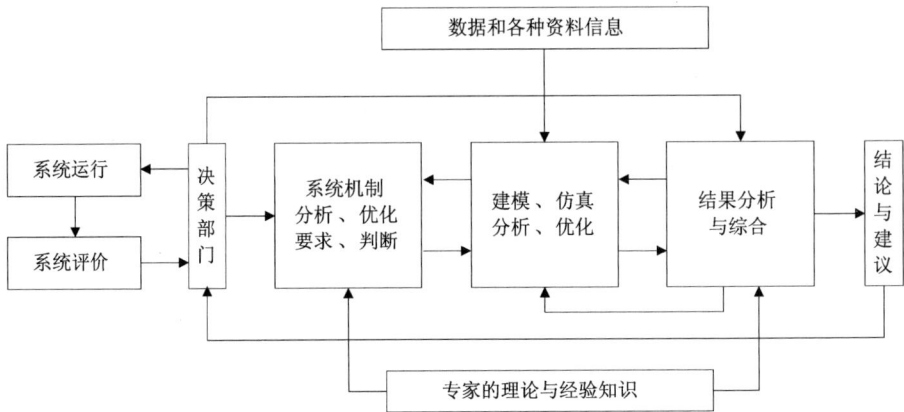

图 2-2-6　综合集成方法的工作流程

（4）物理–事理–人理方法论

物理–事理–人理方法论是中国科学院顾基发教授等于 1995 年提出的。物理主要涉及物质运动的机理，通常要用到自然科学知识；事理是做事的道理，主要解决如何去安排这些事物的问题；人理是做人的道理。物理–事理–人理方法论的核心思想是：系统工程工作者不仅要明物理，懂自然科学，明白世界到底是什么样的；还应通事理，通晓科学方法论，善于选择科学合理的方法处理事务；更应晓人理，掌握人际交往的艺术，充分认识系统内部各部门的价值取向，协调考虑系统各方利益。只有把这三方面结合起来，利用人的理性思维的逻辑性和形象思维的综合性去组织实践活动，才可能产生最大的效益与效率，取得创造性成果。物理–事理–人理方法论的主要内容如表 1-2-1 所示。

表 1-2-1　物理–事理–人理方法论的主要内容

	物理	事理	人理
理论	物质世界法则、规则的理论	管理和做事的理论	人、纪律、规范的理论
对象	客观物质世界	组织、系统	人、群体、关系、智慧
着重点	是什么（功能分析）	怎样做（逻辑分析）	应当怎样做（人文分析）
原则	诚实、追求真理，尽可能正确	协调、有效率，尽可能平滑	人性、有效果，尽可能灵活
所需知识	自然科学	管理科学、系统科学	人文知识、行为科学

（5）大系统分解协调方法

大系统一般是指影响因素众多、任务目标多样、系统规模庞大、体系结构复杂，且具有随机性的系统，常规的建模方法和优化方法难以用于这类系统的分析和设计。1960 年 Dantzig-wolfe 在研究大型数学规划的分解算法时提出了大系统分解协调方法，其基本思想是：首先将复杂的大系统分解为若干个简单的子系统，以便实现对子系统局部的正确控制，再根据大系统的总任务和总目标，提出各子系统之间的协调策略，从而实现全局最优化。

2.2.3.3 项目管理方法论

项目管理方法论属于微观方法层面，是指以项目为对象，运用系统管理方法，通过一个临时性的专门的柔性组织，对项目进行高效率的计划、组织、指导和控制，以实现项目全过程的动态管理、目标综合协调和优化的管理活动。

（1）项目管理方法

项目管理方法起源于人类造物活动的工程实践，是在工程实践中所形成的项目管理特有的方法以及源其他领域但在项目管理中经常用到的、行之有效的方法。工程是最为常见、最为典型的项目类型，所以项目管理方法在工程管理中得到了广泛运用。按照工程项目生命周期可将项目管理方法分为项目论证与决策方法、项目计划编制方法、项目实施控制方法以及项目收尾与评估方法。

1）项目论证与决策方法

论证与决策是工程项目生命周期的第一阶段，包括项目机会研究、方案策划、可行性研究、评估与决策等过程。项目论证与决策的常用方法包括要素分层法、方案比较法、SWOT 分析法、项目组合优化方法等。

2）项目计划编制方法

项目计划编制是项目实施的前提，贯穿整个项目活动，是项目目标能够有效实现的保障。常用的项目计划编制方法包括工作分解结构、网络计划技术、资源费用曲线、责任矩阵等。

3）项目实施控制方法

项目计划工作完成后，就进入组织实施阶段。通过组织管理来安排各种人力和物力资源，然后开展有组织的活动，实现既定的目标和计划。项目实施组织常用的方法包括干系人管理、生产要素管理、质量控制方法、挣得值方法和综合变更控制等。

4）项目收尾与评估方法

收尾是工程项目实施全过程的最后一个阶段，当工程按目标的规定内容全部实施完毕或由于某种原因导致项目终止时，需要进行工程项目收尾工作。在工程项目收尾阶段，需要对工程项目完成的最终成果进行总结和评估，实施资料整理归档，结束工程项目实施活动及过程，完成项目管理的工作。项目收尾常用方法包括核检表法、专家评分法，项目后评估方法主要有逻辑框架法和对比分析法。

（2）目标综合优化方法

技术和工程都不是唯真理导向的，两者都存在着权衡、选择构建、运行、演化等出自价值影响的导向。工程项目通常会受到来自外部环境和项目内部两方面力量的影响，在这个内外部共同作用的过程中，项目目标既是项目外部经济、社会、政治等多方力量约束下的结果，也是项目组织内部各参与方博弈协调平衡下的产物，能够起到权衡和转化工程项目内外部两股力量的作用。多目标综合优化主要包括目标辨识、目标具化及目标均衡。

1）目标辨识方法

从宏观层面来看，项目目标是社会主义核心价值导向下的具体化，以价值观统领外部环境中的经济、社会、政治等多层面问题，协调各方矛盾辩证统一到项目目标之下，实现项目外部均衡。在项目组织内部，各参与方及团队成员通过契约、职权、社会关系等多种途径对项目子目标的设置展开博弈，并在均衡共识下分解目标，从而实现各参与主体之间、团队个体之间的利益均衡。

2）目标具化方法

项目组织作为任务型组织，在生命周期的不同阶段，项目目标内容及目标实现方式会随着环境和任务的变化而不同。从共时态的角度看，工程项目的目标结构包含着价值目标、系统目标和技术目标三个层面。

价值目标从宏观层面对项目价值加以考虑，反映了社会、经济、文化等因素对项目的综合诉求，是工程决策者们的价值追求在特定工程项目上的具体表现，在目标体系中起到统领全局的作用。系统目标既是价值目标的进一步具体化，又从组织系统层面引导技术目标的设置。技术目标是在价值目标的统领下，从系统角度对具体实施目标进行明确，为项目管理活动提供明确导向。

3）目标均衡方法

依据主次要矛盾观点，在目标规划和动态控制过程中，从项目价值层面理清目标之间的主次要矛盾，将多维度技术目标辩证统一于项目价值目标，实现项目全寿命周期内的多目标均衡优化，以指导项目建设实践活动。

2.2.4　工程管理使命

使命的本义是指出使的人所领受应完成的任务，比喻应尽的重大责任。由于现代工程投资大，消耗资源多，社会影响大，工程建成后的运行期长，工程承担着重大的社会责任和历史使命。工程管理使命代表着工程管理界对于社会和历史的一个承诺，集中体现了工程管理的核心价值。

工程管理者应牢记目标和使命，久久为功、惟精惟一，践行工程发展三境界。首先，工程管理使命是建好每一个工程，认真总结经验并推广，将工程精品"独乐乐"复制，演化为"众乐乐"，充分展示工程创造能力，实现基建产能输出，并将过剩的产能进行转移。其次，工程管理使命是不断完善工程技术和工程标准，并将具备先进水准的技术和标准输出，不断扩大我国在世界舞台的技术竞争力。最后，工程管理使命是传播优秀的工程文化，将工程文化所承载的价值观和行为准则传导至每一个合作伙伴，共建美好地球家园，实现工程文化输出。

2.2.4.1　境界一：产能输出

产能输出，本质上是关于工程器物的输出，能够缓解工程领域产能过剩的问题。产能过剩的界定有宏观与微观之分。宏观产能过剩是指经济活动没有达到潜在产出水平，从而未充分利用资源；微观产能过剩是企业将资本边际收益维持在边际成本水平上时所出现的产能过剩。产能输出能够使区域间产能的市场配置更趋合理，通过将过剩的产能转移，从而缓解产能供需矛盾。产能输出形式有基础设施产业合作、以资本输出带动产能输出等。

（1）基础设施产业合作

基础设施产业合作主要包括建筑及基础设施工程产业合作，设备及配套类装备制造产业合作，建材、钢材、矿物石、有色金属等基建材料产业合作。从需求和未来区域经济合作的角度看，"一带一路"沿线国家城镇化水平低，特别是人均GDP、人均公路里程、人均铁路里程等指标均远低于中国，对基础设施建设的需求旺盛，而中国在自身新型城镇化过程中积累的一定经验、基础设施产能、服务可以对外输出。从供给端看，伴随着固定资产投资增速放缓，中国建筑业产能过剩的问题日趋严重，基建输出能够大幅缓解中国建筑业产品需求压力。特别是利用金砖国家开发银行与亚投行，对外工程承包施工企业"走出去"能形成较大的出口拉动，从而有效缓解国内需求端的下滑，拉动整个基础设施产业链发展。

（2）以资本输出带动产能输出

以资本输出带动产能输出，进而带动装备、技术、管理和标准输出，是推进国际产能合作的主要路径。推进国际产能合作，推动中国企业"走出去"，引导企业参与境外基础设施建设和产能合作，需要从产品输出型模式转变为产品输出和资本输出并重模式，并以资本输出带动产能输出。

总之，产能输出是工程管理的重要使命，是第一层境界。通过产能输出，一方面输出了产能，另一方面也增加了相关产品的外需，刺激了经济增长。产能输出在缓解产能过剩问题的同时，既能带动设备物资出口贸易，重置劳务人口布局，还能带动资金、技术、人才等生产要素的转移。

2.2.4.2 境界二：技术输出

近年来，凭借着自主创新，我国一批具有核心竞争力的基础设施建设企业实现了从"产能输出"到"技术输出"的跨越、从"中国制造"到"中国创造"的转型升级，并以此不断开拓更大的国际市场。因此，为了实现产能的长期、可持续输出，技术输出要紧随其后。技术输出要求工程管理者开展系统的工程科技研究，开发具备国际水准的技术、装备和产品标准。只有将工程实践活动中的工艺、工法、标准、规范等技术层面的要素输出，才能使产能输出更稳定。

技术是一种为了创造价值的特殊的知识体系，体现着巧妙的构思和经验性的知识。一般而言，技术输出本质上是技术转让的一种形式，泛指技术输出方向技术吸纳方提供先进技术的活动。技术输出有物质技术输出、设计技术输出、技术能力输出三种基本形式。

（1）物质技术输出

向技术吸纳方提供成套设备、主机和重要零部件等。这是技术制品的转移，技术输出方能借此获得较多的利润。

（2）设计技术输出

向技术吸纳方提供设计图纸、计算公式和技术资料等。技术吸纳方可以按照这些设计生产自己所没有或需要的产品。

（3）技术能力输出

向技术吸纳方传授科学知识和技术经验，派遣科学家和技术人员，帮助技术吸纳方形成具有自身特点的适用技术。

　　工程领域的技术输出，主要表现为技术能力输出，又可进一步分为"硬技术"输出以及技术标准(规范)输出。

　　1)"硬技术"输出

　　"硬技术"输出更侧重于输出工程领域的工艺、工法等"硬技术"。一般而言，技术转移的发展历程分为技术引进、消化吸收、技术掌握、技术创新和技术输出。我国工程技术发展至今，基本实现了从技术引进到技术创新的伟大飞跃，技术输出成为现阶段我国工程技术迈向更广阔历史舞台的必由之路，是工程管理者在产能输出之上的第二层境界。

　　2)技术标准(规范)输出

　　技术标准输出是中国技术标准国际化工作的一个重要内容。我国的技术标准国际化经历了一个认识上的演变过程，从最初强调国内技术标准制定过程中采用国际标准和国外先进标准，发展到推动国内技术标准进入国际市场。通过产品出口、对外投资和工程承包将中国技术标准打入国际市场，让国际市场认可和接受中国的技术标准，在国际市场树立起"中国标准"的品牌。

2.2.4.3 境界三：文化输出

　　技术输出的更高一层境界是文化输出。通过传播人类共同体理念，将可持续的工程价值观、发展观和知识体系传导至每一个合同伙伴，共建美好地球家园，实现工程文化输出。工程领域的文化输出是指工程项目管理者有意识地在工程决策、设计、建造、生产、运行、管理等工程活动中，对于工程文化理念、制度规范、行为规则，甚至习俗、习惯等的选择和传播进行设计和干预的过程，其输出路径可表现为工程主导方的文化价值观诱导→工程参建方的纵向文化传递→工程实体的文化价值体现。

　　(1)工程主导方的文化价值观诱导

　　工程主导方进行文化价值观诱导，应将自身的文化价值观准确地传达给其他的参建单位，如设计或施工单位，让各单位感受到其建设工程文化的强烈意愿。工程主导方可以在工程项目章程、招投标方案以及与其他参建单位签订的工程合同中明确工程价值观和必须要遵守工程管理的制度。这些措施能促使各参与方重视主导方提出的工程价值诉求，并按照合同的规定约束自身在工程建设活动中的行为表现。

（2）工程参建方的纵向文化传递

参建单位作为独立的经营主体，其内部的文化传递活动会受到项目负责人文化观念的影响。参建单位的项目负责人在该单位的工程建设队伍的文化建设中发挥着类似企业领导人在企业文化建设中所发挥的作用。该负责人不仅可以在与下属的交往中向下属传递自己的文化观念，还可以通过制定管理制度，对下属员工进行教育培训、运用精神和物质激励手段引导下属员工的文化观念和行为。

（3）工程实体的文化价值体现

工程文化，见证着历史的发展，沉积着人类的情感，镌刻着文化的记忆，沿袭着未来的脚步。随着时间的延伸，工程的功能价值将变小，工程的材料、施工技术和工艺、投资等方面的重要性和影响在降低，而工程的文化价值在增加，甚至会远远超过其功能价值，这是由它所蕴含的文化决定的。文化输出的最终目标是通过将世界观、价值观、工程理念等文化要素不断向外界输出、渗透，进一步扩大工程文化的现实影响力。

2.3　公路管理文化建设

公路管理文化是在公路管理实践过程中的文化积累和精神沉淀，能够带动员工树立正确的目标，并在为此目标奋斗的过程中保持一致的步调。公路管理文化建设是将高品质标准变成自觉的、常态化的管理活动的基础，规范和指引着公路管理实践中的管理行为。

工程管理的哲学认知是理论化、系统化的世界观、文化观和方法论的统一。公路管理作为工程管理在公路行业的实践，其文化建设受普适性的工程管理哲学认知的指导，同时具有鲜明的公路行业特色。因此，合理的扬弃和大胆的创新是当今公路管理文化建设的新特点，需要从公路管理文化的各个层面做出全面、科学的规划，突出公路管理文化的个性和可操作性，凝练出一套有公路行业特色的核心价值理念与文化内涵。

2.3.1　公路核心价值理念的提炼

公路管理文化建设的首要任务是提炼公路的核心价值，这是公路管理文化建设的灵魂所在，是落实公路经济发展的根本问题。公路管理文化建设可以复制其他行业成功的经验，但无法复制其灵魂。公路行业不同于其他行业的特点首先是核心价值的差异，这是公路管理文化的根本体现。公路行业核心价值理念可从以下四个方面提炼：

（1）根据公路管理实践本体认识提炼

公路管理实践是行为主体在管理过程中合理运用管理理论、经验和技巧去实现管理价值和目标的过程。在长期的公路管理实践本体认识过程中，其价值观主要包含物质、制度以及精神三个方面。

如图2-3-1所示，公路价值观的物质表现为公路管理首先要满足本我，这是器物文化的体现，表现为一种器物需求，要求公路管理者履职尽责，通过高效的管理、优质的服务实现公路的价值；制度表现为公路管理要实现自我，公路作为重要的基础设施，其基本属性不仅包括公共性、公益性和服务性，还表现为一定的营利性，追求名利统一是公路行业实现自我的体现，使公路行业以奋发有为的姿态更好地前进；精神表现为公路管理要追求超我，实现公路与人、与社会、与自然的天人合一，体现公路行业的奉献担当。

图2-3-1　基于公路实践本体认识的价值观

（2）根据公路行业经济发展特色提炼

公路是关系到民生、关系到经济社会发展的公益性基础设施，是服务大众的公共资源。公路经济发展的好坏、快慢直接反映了地方经济和社会文明的发展程度。通过提升路网的技术标准和路容路貌、创新公路融资模式、提高公路技术状况指数、创新养护工程管理模式，实现养护管理、路政执法管理一体化和现场化，加强经费使用过程中的监管，提高经费使用效率，推进公路管理体制改革等手段体现公路行业在新形势下服务国民经济和社会发展全局、服务人民群众安全便捷出行的发展思路和行业定位。公路行业的核心价值理念也应以此作为来源之一。

(3)根据领导者的工作愿景提炼

公路行业领导者的工作愿景是以公路的发展造福人民群众，实现这一愿景需要依靠广大人民群众的力量。因此，公路行业领导者需进一步加强服务意识，改进服务能力，提高服务质量和服务水平。对于社会而言，一个行业的存在要有价值。公路行业的价值，就是为人民群众提供便利畅通的出行条件。要通过高效的管理、优质的服务、优异的成绩，实现行业的价值。同时，要营造良好的内部发展氛围，使职工认识到工作单位不仅是谋生的场所，也是实现人生目标和自我价值的理想平台。这一工作愿景使公路行业核心价值的精髓不断得到丰富、超越和升华。

(4)根据当前时代特点提炼

当前，我国已进入依靠科技进步和创新推动经济社会发展的历史阶段。公路经济也逐渐由快速建设阶段向精细化管理阶段过渡。精细化管理对公路行业提出了更高的要求。养护机械化、管理科学化、服务人性化成为公路行业发展的必然趋势和要求。因此，构建行业核心价值体系必须与时俱进，勇于创新，体现时代特点。在这一过程中，公路管理方法日臻成熟、管理方式不断科学、技术力量更加雄厚、思想理念与时俱进，共同促进公路经济不断向前发展，提升了服务当地经济社会发展的水平。

2.3.2　公路管理文化的内涵

文化是一个民族的精神之根，也是一个行业的活力和灵魂。在长期的公路管理实践中，广大公路人艰苦奋斗、开拓创新，形成了既具有工程管理文化共性又具有鲜明行业个性的公路管理文化。如前文所述，工程管理文化观分为物质文化、行为文化、制度文化以及精神文化四个层次。依据工程管理文化观的四个层次以及公路的行业特点，公路管理文化可分为公路形象文化、公路执法文化、公路制度文化以及公路服务文化。

(1)公路形象文化

公路形象文化是指通过各种传播媒介，使公路行业在社会公众心目中所产生的综合反映。形象文化通过公路的硬件设施和优质、高效、便捷的服务向公众进行传播，通过塑造形象和广泛宣传，不断提高行业知名度和美誉度，为行业发展营造一个良好环境。

（2）公路执法文化

公路执法文化是所有公路执法的思想、行为规范、言论、行动、物质等内容的总和。公路执法文化由执法理想、执法导向、执法宗旨、执法精神、执法伦理、执法机制、执法形象等组成。执法理想主要阐释公路执法存在的理由和未来想达到的目标，是执法组织存在意义的高度概括，它使不同个性的执法者凝聚起来，共同朝着执法的终极目标迈进；执法导向则是实现终极目标的基本要求，是公路行政执法队伍在执法工作中的基础性执法追求；执法宗旨是公路执法队伍的总的行为准则，只有秉承执法宗旨，才可能实现真正意义上的执法理想；执法精神是执法文化的精髓和灵魂，是执法队伍的内心态度、意志状态和思想境界；执法伦理是执法的职业道德，是每一名执法人员都应恪守的具体行为准则。执法精神指导执法伦理，执法伦理激发执法精神，即弘扬执法精神、恪守执法伦理。

（3）公路制度文化

公路制度文化是人与物、人与管理制度的结合部分，包括领导体制、组织机构和管理制度三方面，是为实现工作目标对公路建设、养护、管理行为进行规范和限制的文化。领导体制是领导方式、领导结构、领导制度的总称，是公路制度文化的主要内容。完善的领导方式是形成领导者与被领导者之间和谐关系的重要前提；合理的领导结构是增强干事创业的活力的重要源泉；健全的领导制度是实行民主决策、科学管理的重要保障。组织机构是为实现工作目标而建立的单位内部各组成部分及其关系。机构设置要科学合理，遵循效率优先的原则。管理制度是在公路各项工作中制定的规章制度。上升为文化的管理制度必然是科学、有效、完善的管理方式的体现，是实现工作目标的有力措施和保障。

（4）公路服务文化

公路服务文化是在公路长期实践过程中形成的服务理念、职业观念等服务价值取向的总和。在公路服务文化建设过程中，公路运营企业可通过广泛调研，确定企业的优势和亮点、缺陷和不足，并集思广益、群策群力，共同搞好公路服务文化的设计和规划，统一服务理念、确定服务目标与原则，制定考评细则，通过考核管理、优胜劣汰等机制，不断提高自身的服务水平。在实际工作中，各个企业的条件和基础不同，应倡导服务文化的多样性，彰显其个性魅力，在此基础上互促并进。此外，公路服务文化也需要提炼和总结，及时发现亮点，再把它放大和推广，通过培育高品位的服务文化，引领打造出高品位的公路行业。

2.3.3　公路管理文化的建设途径

公路管理文化建设的关键在于让文化经历从理念到行动、从抽象到具体、从口头到书面的过程，都要得到全体员工的理解和认同，并转化为全体员工的日常工作行为。

（1）突出人本，充分发挥人的主观能动性

在现代企业中，人是最大的也是无穷尽的资源。要推进公路管理文化建设，就必须最大限度地发挥人的积极性和创造性，尊重人、理解人、关心人，在此基础上培养人、激励人、发展人。要将整个行业的价值取向和员工个人的价值取向协调、整合，使之成为和谐一致的、共同的价值取向。

（2）挖掘底蕴，培育公路行业核心价值理念

公路行业核心价值理念的形成，关键在于培养职工对职业的高度责任感、强烈的事业心和开拓精神。新的思想观念要经过广泛宣传、反复灌输，再逐步被员工所接受。要在实践中不断强化，转变员工的思想观念及行为模式，建立起新型的行业文化。只有当职工认识到公路行业的存在有意义，自己的工作有价值，职工才能从内心深处热爱自己的岗位和工作，并将这种热情持续地保持在本岗位中，才能激发起工作积极性、主动性和创造性，给行业发展带来巨大发展后劲。

（3）重视功能，打造公路形象文化

公路是公路管理文化的物质载体，是文化传承的纽带。随着经济发展和社会进步，人们对公路综合功能的要求越来越高，公路不仅起着交通运输的基本作用，还要"畅、洁、绿、美、安"。这就要求管理者以公路使用者的角度来审视公路，在公路建、管、养的每一个环节都体现人文关怀，充分实现公路与人、与自然、与社会的和谐，打造良好的公路形象文化。

（4）正风肃纪，强化公路执法文化

公路管理文化建设要重视对公路人精神素质的培养，要求广大公路职工队伍具有共同的执法信仰，在树立公正、高效、文明、平等、中立、居中等现代执法理念的同时，特别注重执法为民理念的培养。执法为民，是"立党为公，执政为民"的执政思想在公路交通领域的具体体现。路政执法为民就是心中装着广大人民群众，全心全意为人民服务，公正高效地处理好每一起涉路案件，依法保护人民群众的合法权益，确保人民群众诉求的表达。

（5）完善规章，规范公路制度文化

要始终把制度建设、制度创新贯穿于公路发展的全过程，建立健全科学的制度体系，用制度来规范和调节各种关系，形成有效的工作机制。在公路管理过程中，通过积极推广现代的管理理念、行为理念、规章制度，规范职工行为，培养良好的职业习惯等途径，创新动力、创造活力，从而营造和谐有序的公路管理环境。全员在一个规范、严谨、统一的工作环境内相互交流、相互学习，形成人人自觉遵守制度的良好氛围。

（6）体现特色，构筑公路服务文化

随着社会的进步和文明程度的提高，公路服务标准的要求也越来越高。为司乘人员提供优质服务，不断提高服务水平和服务质量，在全社会树立良好的公路行业形象，是建设公路行业文化的主要目标。因此，在构筑公路服务文化时要秉承优质、文明、高效的原则，不断增强员工的服务意识，时刻以"服务人民、奉献社会"和"便民、利民、为民"为宗旨，把文明服务真正融入一言一行中，力争使优质服务体现在公路运营管理的方方面面，为广大司乘人员提供文明、优质、高效、全程的服务。

（7）优化手段，推进公路专业数字化管理

推进专业数字化管理，运用专业数字化技术手段，集成行业管理中的基本业务规范、标准，建立公路专业数字化管理平台，有利于实现对管理主体、要素条件的智能化管理。通过专业数字化技术对于数字资源的总结与预测功能，在多源巨量数据挖掘的基础上，精准展现公路业务执行的演进路径和管理症结，进而提高管理效率以及增强服务本领。例如，加强公路路况信息的采集和维护，及时更新路况信息，为司乘人员、为社会提供及时、准确、全方位的信息。

第3章　公路管理理论：预防性管理

公路管理理论是结合哲学层面与公路管理实践层面认识公路管理本质、解决公路管理普遍性问题的一般原理，具有科学性和普遍适用性，指导公路管理行为与管理实践。预防性管理是人们在实践中分析事物间因果关系，在预知事物发展规律的前提下通过一定手段消除不良因子从而实现系统目标的一系列活动。预防性管理是建立在系统性信息数据基础上的因果逻辑推断和干预的能动过程，是一种避免危机、控制风险、保证常态化和最大可靠度的方法论。因此，预防性管理是公路管理理论的本质内容。

3.1　预防性管理基本认知

预防性管理（preventive management）是指人们在实践活动中，通过分析、综合、抽象、归纳、推理等思维过程，认清事物本质和因果关系，结合数据分析，预知事件发展过程中不同行为可能导致的结果，从而排查并消除不良引导因素的，有计划、有组织、有执行、有控制、有效益的管理活动。预防性管理通过有效的组织、创新方法，采取主动干预的管理手段，消除阻碍因素，创造实现目标的条件，从而使事件朝着预期方向发展，促进目标的实现与价值提升。对预防性管理的基本认知包括事物本质、因果关系、数据分析、目标导向与价值提升5个方面。

3.1.1　事物本质

根据预防性管理的概念，预防性管理首先需要通过一系列思维活动剖析事物发展规律。事物本质是解释事物内部联系的基本规律，决定了事物性质与发展趋势。因此，认清事物本质是实施预防性管理的首要前提。事物本质是由事物内部矛盾构成的，具有单一、稳定而深刻的特征，只有通过科学的思维才能把握。本质与现象是揭示事物内部联系和外部表现相互关系的一对辩证的基本范畴。现象是本质在各方面的外部表现，从各个不同侧面表现本质。因此，预防性管理是需要透过现象认识本质，把握事物的发展规律。只有在实践中通过对多方面现象的分析研究，去粗取精、去伪存真、由此及彼、由表及里，才能实现"从现象到本质、从不甚深刻的本质到更深刻的本质的无限深化过程"。

预防性管理对事物本质的认识过程包括现象分析、系统归纳，以及一系列逻辑推理与科学实验过程，这一系列科学缜密的过程构成了预防性管理的系统性逻辑推断过程。

首先，认识事物必须经历由现象到本质的过程。事物本质是通过事物各种现象表现出来的，人们要认识和把握事物本质，就必须经过对事物大量的各种现象的分析研究，对现象本身的一系列关系、现象的发展过程进行综合分析，这是解释事物本质与本质认识产生的基础。

其次，事物本质不是单一的存在，从其要素的构成而言，它是一个有机整体，即事物的本质是由构成事物的各方面的本质和各层次的本质按其内在联系构成的统一整体。我们认识事物本质，就是认识事物作为统一整体的本质。由于本质具有方面性和层次性，人们可以从不同方面和不同层次来认识事物的本质。只有认识了事物各方面、各层次的本质，并按其内在联系进行系统归纳，才能形成对事物整体本质的全面深刻的认识和把握。

最后，事物本质暴露为某种现象需要一定的条件。只有了解了产生这个现象的内外条件及其联系，熟悉事物呈现出来的各种现象，并加以综合分析，才能揭示现象背后的本质。要了解并掌握现象及其发生的内外条件及联系，就必须对发展过程与事物周围环境做全面、深入、细致的逻辑思考与调查研究。对事物本质的认识，是在实践基础上从一方面到另一方面，从浅层次到深层次的不断扩展和深入，最后将其综合形成对事物整体本质的认识过程，它们的总和是一个更长的认识与辩证发展过程。

3.1.2 因果关系

预防性管理通过系统认识事物发展的预期结果与影响因素之间的因果逻辑关系，从而构建事物之间的管理关系。因此，因果关系是预防性管理的主要依据。在辨析因果关系的过程中，要建立与发现因果关系，找出其中潜在的不良影响因素，发现有利于系统目标实现的条件，并采取有效管理措施。因果关系是一个事件(即"因")和第二个事件(即"果")之间的作用关系，后一事件被认为是前一事件的结果。一般来说，一个事件是诸多原因综合产生的结果，而且原因都发生在较早时间点，而该事件又可以成为其他事件的原因。因果关系具备以下特点：

(1)客观性。因果关系作为客观现象之间引起与被引起的关系，它是客观存在的，并不以人们主观意志为转移。

(2)特定性。事物是普遍联系的，为了了解单个现象，我们必须把它们从普遍的联系中抽出来，孤立地考察它们，一个为原因，另一个为为结果。

(3)时间序列性。原因必定在先，结果只能在后，二者的时间顺序不能颠倒。

(4)结果多样性。作为原因的事件所导致的结果具有多样性，没有一个固定不变的模式。因此，在辨析因果关系时，要从具体的时间、地点、条件等客观情况出发作具体分析。

(5)复杂性。辩证唯物主义认为，客观事物之间联系的多样性决定了因果联系的复杂性。

根据因果关系的特点可知，分析事件间的因果关系需要具备 3 个必然条件：①时间顺序，通常情况下，发生在先的事件是原因，发生在后的事件是结果。②事物之间具有关联性，即所谓的"相关性"，当前一事件引起了后一事件的变化时，二者之间有一种恒定的联系，并且前者的任何一个变化都会引起后者相应的、可以预见的变化，就是构成了因果关系。③建立因果关系还必须排除其他可能用于解释结果的因素，即排除可能的干扰因素。

3.1.3 数据分析

完整的数据分析过程包括数据的收集、处理与分析活动。预防性管理是建立在系统性信息数据基础上的管理活动，数据分析是其必要手段，包括收集事物发展过程中各种信息、数据，对潜在风险信息数据进行分析、处理，将风险遏制在萌芽期，从而顺利实现预期目标。数据分析的过程为识别信息需求、收集数据、处理数据、改进结果。

（1）识别信息需求是确保数据分析过程有效性的首要条件，为收集数据、分析数据提供清晰的目标。识别信息需求是管理者的职责，管理者根据决策和过程控制的需求，提出对信息的需求。

（2）收集数据是确保数据分析过程有效的基础，管理者要将管理需求分解为可识别的、具体的需求，明确收集数据的主体、途径与方法，并采取有效措施防止数据的丢失与误差，避免数据收集有误所导致的后果。

（3）处理数据是数据分析过程中最为关键的环节，是运用数据处理与分析软件及工具等将收集的数据进行加工与处理，从而形成系统所需要的信息。

（4）改进结果是通过数据分析所提供的信息内容，对系统运行情况进行科学合理的判断，从而提出有针对性的改进措施。

运用数据分析的手段能够有组织、有目的地、系统地收集事物的历史数据信息及相关类似事物的信息和发展过程数据，使之成为对预防性管理过程有用的信息，再通过建立管理数据信息库，开展大数据分析，并形成结论，为更客观地预测事物的发展方向提供准确、科学的依据。

3.1.4　目标导向

预防性管理是以所设定的预期目标为行动导向所开展的一系列组织、计划、控制等管理活动。因此，预防性管理是目标导向下的管理。彼得·德鲁克在《管理实践》中提出了"目标管理"的概念。他认为，先有目标才能确定工作，所以"企业的使命和任务，必须转化为目标"。如果一个领域没有目标，这个领域的工作必然被忽视。因此，管理者应该通过目标对下级进行管理。当最高层管理者确定了组织目标后，必须对其进行有效分解，转变成各个部门以及个人的子目标，并根据分目标的完成情况对下级进行考核、评价和奖惩。

目标导向的精髓是以目标指导行动。目标导向注重将大目标分解为一个一个过程目标，在一个目标实现后，提出新的更高的目标，以便进入一个新的目标导向过程。同时，目标导向关注对完成目标有影响的环境因素，注重配备完成目标所必需的资源条件，并强调上级对下属的资源支持与情感引导，从而使责任主体的动机强度维持在较高的水平上，始终保持一种积极的奋进状态。

对预期目标的管理是一种系统方法，它首先由组织成员共同确定总体目标，再将组织的总体目标分解为组织部门、单位和每个成员目标，以目标指导行动，对预期目标的进展情况及时进行检查，给予阶段目标实现的奖励，从而促进预期目标的实现。

(1)预期目标的确定是预期目标实现的关键，正确而恰当的目标会使得管理系统的预期目标变得相对易于控制。过高的目标会造成过大的压力，使得组织使用不正当手段或规范去实现目标，过低的目标则会使组织失去奋发向上的动力，从而弱化目标管理的作用。合理的预期目标应该是可量化、易于执行的。因此，管理人员在确定预期目标时必须进行充分的调查与研究，并与组织人员进行沟通。

(2)预期目标的分解是运用某种规则将预期目标分解到组织内各层次、各部门直至具体的活动执行者，从而形成目标体系的过程。对预期目标的分解是组织明确目标责任的前提，也是使预期目标得以实现的基础。系统目标的分解遵循整—分—合的原则与过程，要将总目标分解为不同层次、不同部门、不同时间阶段的分目标，各个分目标的综合目标又能够体现总目标，并保证总目标的实现。

预防性管理思维要求分析目标实现的内因和外因，通过主动干预的管理手段，创造实现预期目标的条件、消除干扰目标实现的影响因素，使事件在预期轨道上正常发展。预防性管理以组织或个体为执行主体，以特定的事项或事物为目标客体，并运用因果关系建立起目标执行主体、目标实现客体与发生因果条件的时间、空间、环境等的管理关系，对所拥有或可利用的资源和环境要素进行识别、计划、组织、执行与控制，对出现的偏差提出纠正解决的方法，采取应对措施消除目标实现过程中的各种阻力，从而精准实现预期目标。

3.1.5 价值提升

价值的实现是衡量管理成功与否的关键，实现价值提升是预防性管理的最终目标。价值提升通过正向文化引导，激发创新活力，在预防性管理预期目标的实现基础之上，常态化、高质高效、高可靠性地实现目标价值的强化与提升。

正向的文化引导从三个维度增强价值引领力，一是通过增强战略定力，激发内在动力，提升文化软实力，从而提高对目标价值增值的聚焦力；二是通过打造鉴别力，提升吸纳力，强化主体力，培养正向文化基因，巩固价值认同整合力；三是通过激活生命力，增添亲和力，促进文化繁荣与传承，实现价值实践推动力。因此，文化建设能够促进组织与人的精神提升，提升自信、增强认同感与执行力，将精神驱动力强化于行为层面，引导管理者高质高效地完成管理实践活动并实现预期目标，从而促进目标价值强化与提升。

积极的文化引导能够激发组织的创新活力，从而实现价值提升。创新的本质是挖掘新兴力量，激发传统管理的活力，促使事物发生本质性变化，推动事物向前发展，实现价值的强化。

上述五个方面对预防性管理的基本认知，揭示了预防性管理思维的一系列能动过程，即预防性管理是以认识事物本质为前提，辨析事物因果关系为主要依据，以数据分析为手段，以预期目标为行动导向，最终实现价值提升的过程。预防性管理的基本认知为预防性管理理论的建立提供认知基础，构成了预防性管理的理论基石。

3.2　预防性管理理论的提出

3.2.1　预防性管理理论的内涵

"预防"在《辞海》中解释为预先、防备。预防一词很早就已成为中国军事、哲学和医学中的重要术语。南朝《世说新语·言语》："身不能以道匡卫，思患预防，愧叹之深，言何能喻。"宋《辩兵部郎官朱元晦状》："陛下原其用心，察其旨趣，举动如此，欲何以为！诚不可不预防，不可不早辨也。"现代社会，预防一词的含义得到进一步扩展："预"含事先、提前、预见、预期之意，是预期目标设计的前提，其结论来源于实践、观察、思考、辨析和推论；"防"是根据"预"得出的结论，对可能造成负面结果的不利因素与可能出现的不合理情况提出防备和应对解决的方法。在管理实践中，为了实现预想的结果与目标，人们通常需要采取主动干预的管理手段，通过创造目标实现条件和消除可能造成失败的不良因素，使管理活动朝着预期有序、正常地发展，这就是预防性管理思维。预防性管理思维的运用是在拥有系统数据信息基础上，对事物发展进行因果逻辑推断和干预的能动过程，是一种能够有效避免危机、控制风险、保证有效实现预期目标的方法论。

根据预防性管理思维所建立的具有系统性与普遍适用性的管理理论称为预防性管理理论。预防性管理理论是一种建立在大数据环境下，依靠数据信息，考虑管理主体及客体与时间、空间关系和条件参数的因果逻辑推断，并据此采取干预措施的理论，是一种事先预见结果，排查并消除不良引导因素，有计划、有组织、有执行、有控制、有效能地开展管理活动，并避免危机、控制风险、实现常态高质高效的管理理论。预防性管理理论的内涵包括三个方面：①以因果关系分析为核心，利用经验和数据判断研究对象的发展轨迹并预测结果，发现影响研究对象发展轨迹的关键环节，并及时采取适当的措施控制事态发展；②针对各种可能出现的不利后果制定解决方案，提前预防，防止产生严重的后果；③通过培养参与者的忧患意识和预防意识，将各项措施渗透到日常工作中，逐步形成常态化、高质量的抗风险体系。

3.2.2　预防性管理理论的框架结构

预防性管理理论由理论内核、理事原则与系统目标三个部分构成，如图3-2-1所示。其中理论内核是预防性管理理论的核心思想，包含因缘耦合原理、单元化原理与点线面原理；理事原则包含了预防性管理中所遵循的制度法则、执行方法、控制方略与处事规范等内容；系统目标则是预防性管理的终点，是预防性管理的管理活动遵循理论内核与运用理事原则所最终实现的目标。

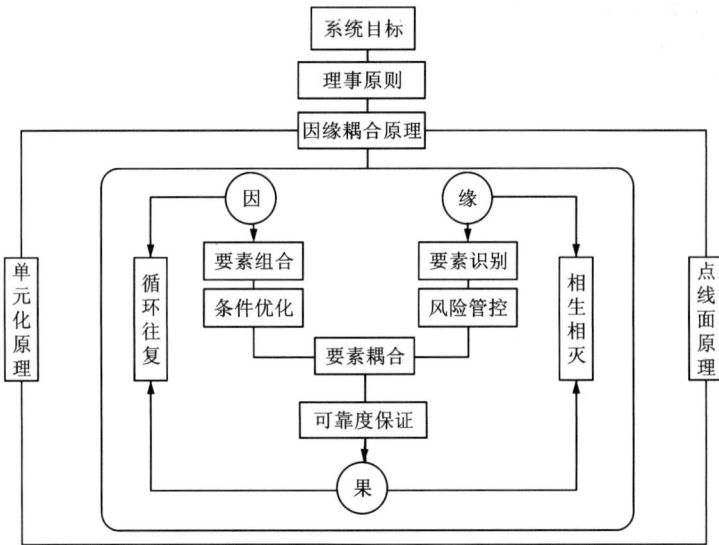

图3-2-1　预防性管理理论框架结构图

（1）理论内核

预防性管理理论内核由因缘耦合原理、单元化原理与点线面原理三个原理构成。

　　因缘耦合原理源于佛学的缘起论和哲学因果辩证思想，并在事物进化的三阶段引入了信息论中的数据分析思想、控制论的信息反馈思想、风险管理理论的预防思维，危机管理理论的综合预防预控思想，常态管理理论全过程、全范围内的平衡管理思想。

　　单元化原理是根据系统内各管理要素之间的基本关系，建立目标、业务、资产、信息等不同对象单元的预期分层分级子系统之间等量关系的思想和方法。

　　点线面原理是指在目标实现过程中，点目标的实现才能保证线目标的实现，点和线目标的实现才能保证面目标的实现，每个点、每条线、每个面的目标实现则能保证目标的全面实现。系统目标实现的前提是点目标的实现，线和面明确了点目标的实现方向，即将面目标的责任分解到线进而分解到点，使每个点的执行者明晰各自的目标、责任和任务。此外，线和面为点提供了实现系统目标的基本理论、知识、经验和方法，并在"点"实现过程中提供有效监督和帮助。

　　(2) 理事原则

　　理事原则即处事之道，是指进行预防性管理活动所依据的准则。理事原则与中国传统文化所推崇的"法""术""道""德"思想相统一。"法"具有刚性，是处事过程中所依据的规范与制度，是带有强制性的管理标准；"术"为方法、技巧，是处事过程中执行者能够灵活应用的想法与创意；"道"是引领处事之人走向正确之路的道，既是一种目标、一种信念，也是一种精神引领，引导着执行者做正确的事；"德"推动执行者在行为中自觉形成良好的品德，"德"与"法"共同构成处事之约束。

　　(3) 系统目标

　　系统目标既是预防性管理理论的初衷，也是预防性管理的最终落脚点。系统目标的实现过程是一个有组织、有计划、有层级的过程，系统目标由系统构成的子目标组成，通过子目标的实现而实现。因此，要实现系统目标，首先需要厘清系统目标与子目标之间的逻辑关系并进行科学的层次分解。

3.3　预防性管理理论内核

3.3.1　因缘耦合原理

　　如前所述，预防性管理的哲学基础是因果辩证关系，通过分析事物间的共性及逻辑关系，预测事物的发展趋势，包括诱发原因、影响程度、处理方式等，从而评估事件的可控程度，并提前进行控制，以达到规避风险、预估事件、控制走向的管理目的。而因果辩证关系分析的依据是因缘耦合原理。因缘耦合原理是指生产要素、工程条件以及外部资源之间相互关联、相互影响，形成的有机、统一的闭合整体。

因缘耦合原理以"缘起论"为理论根源，认为世间万物既非凭空而有，也不能单独存在，必须依靠种种因缘条件和合才能成立，一旦组成的因缘散失，事物本身也就归于乌有。因，即种子，是构成世间万物的内在及主要因素；缘，是构成世间万物的外在与次要条件；果，就是因缘耦合时产生的结果、现象。如图 3-3-1 所示，因缘耦合原理提出产生结果的直接原因或内在原因是结果构成的物性前提，产生结果的间接原因或外在动因是天时、地利、人和的条件；提出事件三阶段进化的管理思路，第一阶段分析影响结果的负面因素并采取措施，第二阶段对影响因素进行风险分析，实现提前管控、风险预测与危机疏控转换，从而实现第三阶段常态化高质量的最大可靠度；同时根据目标主体的历史纵向数据信息和类似横向数据信息进行数据信息分析和提出管理对策，突出主动预防和事前控制的基本思想，从而保证理论本身具有丰富的思想内涵和可靠的实践指导意义。

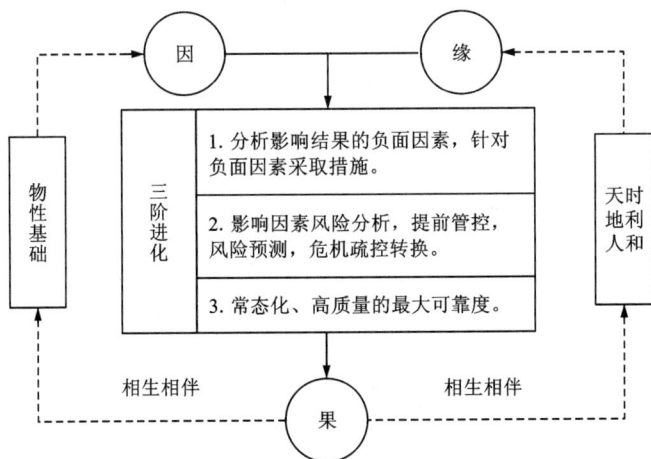

图 3-3-1　因缘耦合原理

3.3.2　单元化原理

单元化是将系统要素根据一定的逻辑关系与分类方法进行分解的过程。在预防性管理中, 通过目标单元化、业务单元化、资产单元化与信息单元化, 将目标、业务等管理要素化整为零, 有效分解为简单、具体、可控的单元, 并落实到人、明确到岗, 以保障系统目标实现。

(1)目标单元化

预防性管理以实现系统目标为导向, 目标单元化是将系统总目标分解成若干具体子目标, 将每一个具体子目标视为独立单元。系统总目标的实现依赖单元目标的实现, 目标单元化按照系统目标分解的逻辑关系与组织架构中目标完成主体的分工, 将目标任务分为与组织架构相匹配的多层级单元, 并建立不同目标单元之间的等量关系, 如图 3-3-2 所示。

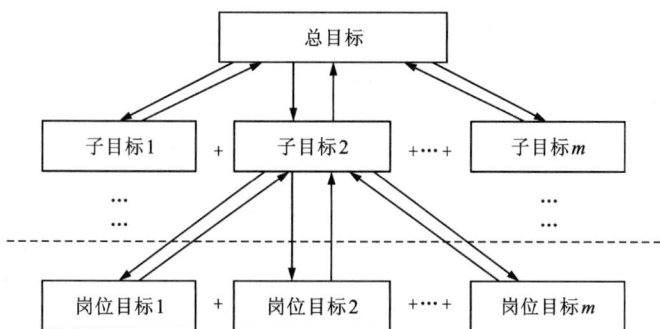

图 3-3-2　多层级目标单元

(2)业务单元化

业务是在管理组织或管理系统的总体目标指导下, 以个人、部门等为单位所开展的专业性工作, 业务的开展与执行为系统总目标的实现服务。业务单元化是在系统总目标的指导之下, 将组织的专业性业务工作细分为独立业务模块, 并进一步对应到组织或相关专业部门的执行人, 促进业务流程的形成与业务工作的执行。

(3)信息单元化

系统目标的实现以业务单元化为前提, 业务单元化则以信息单元化为基础。信息单元化是指将管理信息不断细化至最基本的信息单元, 并根据信息类别对信息单元进行归类,从而形成管理中的信息字典与数据字典的过程。如公路路产养护管理中,路产被划分为路基、路面、桥涵、隧道、机电设备、交安设施、绿化环保、房建设施与其他路产等九类信息单元,包含了从建设期的工程质量信息到运营期的养护信息数据,并通过采集、抽取、分析、计算等操作,建立若干管理模块数据的对应和关联关系。公路信息单元化管理体现了公路管理从建设期至养护期的信息数据的统一,以及公路管理的全寿命管理思维。

3.3.3 点线面原理

点的有序排列组成线,线的组合形成面,点线面三者的有机组合形成牢固的几何体,这种参照几何原理形成的目标组合控制方法称为"点线面原理"。在任何管理活动中,只有点的目标完成才能保证线的目标完成,只有点和线的目标完成才能保证面的目标完成,只有每个点、每条线、每个面的目标都完成才能保证系统目标的完成,这就是系统目标实现的"点线面原理"。根据这一原理,员工目标的实现将促成公司目标的实现和企业整体战略的实现。因此,培养每一个"点"目标的能力和责任意识,并使其根植于每个人心中,如同吃饭、睡觉一样成为常态的自觉行为,是常态化高质量完成系统目标的根基。

"点"个人对应的范畴不同,"线"和"面"可以是班组、单位、系统、行业,也可以是家庭、社区、各级政府乃至国家和全社会。系统目标实现的前提是"点"目标的实现,如何实现"点"目标,"线"和"面"将起到明确的作用。首先,运用单元化原理,将系统目标分解到"面",面目标分解到"线",进而分解到"点",使每个"点"个人明白目标、责任和任务;其次,"面"和"线"将为"点"个人提供实现目标的基本理论、知识、经验和方法,并在点目标实现过程中提供有效监督和帮助;最后,"线"为"面"和"点"提供承上启下的链接功能,"线"与"点"具有直接利害关系。如图3-3-3所示。

"点"个人按照"线"集体和"面"社会提出的目标要求和提供的知识及帮助,在目标实现过程中不断学习、总结、自省、参悟,得到能时刻保障自身目标以及周边人和物目标实现的经验并使之成为常态化的自觉行为。

3.4 预防性管理理事原则

预防性管理理论具有严密的辩证逻辑思维,其中包含了事前谋划、事中控

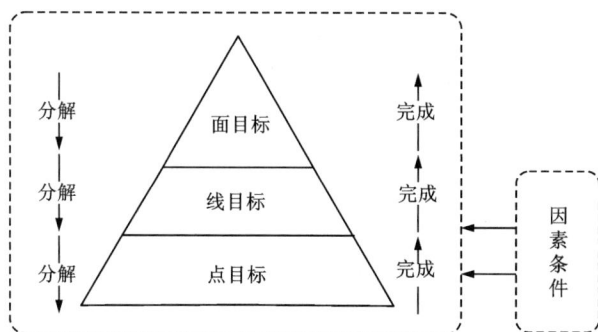

图 3-3-3 点线面原理图

制、事后评价的全过程控制管理理念。预防性管理依赖于科学的制度法则、有效的执行方法和完善的应急机制，并在总结创新、执行疏导、效果控制相结合的管理文化指导下，形成了"一以贯之"的系统方法论，在因果关系转化过程中包含着制度法则、执行方法、控制方略与处事规范四个层面的基本内容，与我国传统文化社会管理之"法""术""道""德"哲学思维相吻合。

3.4.1 法

"法"即为"制度法则"，是为达到某种目标而订立的执行技术标准的办法、规章之类的强制性制度，其哲学含义是"守道全法"。"法"道讲求守道、公利、公开、连续、易学、易行。"法者，编著之图籍，设之于官府，而布之于百姓者也"（韩非子，《难三篇》）。立法原则，"因天命、持大体""守自然之道""因道全法"，在立法权的行使过程中，要遵循和顺应宇宙万物运行的根本规律"天命"和"道"，使"法"得以健全和完善，尽量令所制定的法追求"公利"而不"逆人心"；法令制定做到简洁易懂、切实可行，"表易见""教易知""法易为"（韩非子，《用人篇》）。"制度法则"包括法律、法规、办法及标准、图纸、规范等，它预先告知事件的目标、是非、要求、后果。制度是立规矩、定方圆，是实施管理的基础，制度执行必须坚持原则，做到泾渭分明；法则是自然规律和技术成果的结晶，是制度的实化和具体化，是预知和执行的基础支撑。

3.4.2 术

"术"即为"执行方法"，是执行者应用法则的方法和管理者控制被管理者的方法和技巧，其哲学含义是"正名信实"。"术"道讲求正名、信实、无形、技巧。"法"与"术"最大的区别是"法莫如显，而术不欲见"。"法"强调公开、应明文公布；"术"则应当潜藏胸中，择机使用，不轻易示人。"执行方法"包括决策、执行、创新，是实施管理的核心。决策是对预知结果进行判断并采取措施，《黄帝内经》指出："善治者治皮毛，其次治肌肤，其次治筋脉，其次治六腑，其次治五脏"，它生动比喻："夫病已成而后药之，乱已成而后治之，譬犹渴而打井，斗而铸锥，不亦晚乎"，准确的决策可以收到事半功倍的效果；执行是按照制度法则实施具体事件或决策的事项，执行力有赖于实施者具备良好职业修养，即解决问题纵深的专业性和解决横向联系、协调其他业务的责任心；创新包括外部类似成果的借鉴吸收和内部发展战略的技术攻关与应用，创新源于忧患，创新必须具有前瞻性，"生于忧患死于安乐"，创新是预防性管理的协调器和源动力。

3.4.3　道

"道"即为"控制方略"，是管理者通过文化、伦理、价值的行为管理而实现目标的方法，其哲学含义是"止德无为"。"道"讲求疏导、控制、正德、无名、无为。"道"强调目标实现过程中管理者应做到恩威并济、执行疏导与效果控制并重，强调"为政以德，譬如北辰，居其所而众星拱之"（《论语·为政》），追求"道常无为而无不为"（《老子·道德经》），使执行者追求高质量目标成为常态化的活动。预防性管理中"控制方略"体现为有形的绩效、无形的监督、风险的应急。其中，风险应急包括风险辨析和应急响应，是在树立高质前提下的常态化管理和风险危机意识。风险辨析通过对整个管理过程任何物质和精神形态中可能出现超出允许误差的因素分析，找出关键要素并采取有效预防措施，从而避免风险的出现；应急响应是任何管理不可缺位的重要环节，也是风险辨析的有效补充，它主要解决自然不可抗力、外部灾变、职业道德缺失等可能产生的安全危机，其出发点是预防为主，力求做到无急可应、有急能应。

3.4.4　德

"德"与"道"相辅相成共同作用于"法"。在理事原则中，"德"是指管理者和执行者在行为层面上的处事规范，即仁义礼智信等做人的基本准则，也是伦理准则。"夫君子之行，静以修身，俭以养德"（诸葛亮《诫子书》），强调的是工作中应以高标准的行为准则和专业规范来要求自己。在执行过程中，不仅要有"道"的约束，更要有"德"的自治与自律，不断在行为上约束自己。品德之于品性，侧重的是德性，更多的是对为人处世原则的界定；品性之于品格，侧重的是性情，更多的是对自我性情秉持的界定；品格之于品德，侧重的是风格、人格，更多的是对人的持家理政风格、人格的界定，强调的是管理者既要有对德行的约束，更要有对管理中应具备何种德行的界定。

"法"是将管理内容按照一定的规律和执行法则，变成系统的管理"字典"，"术"是管理者实行法则和执行者依照法则，用好管理"字典"。"道"是通过"法"和"术"的学习和融会贯通所形成的伦理观、安全观、质量观和管理文化，"德"是管理者和执行者在管理行为中形成的规范与准则；"法"是治理体系的根本，"术"是治理能力的体现，"道"和"德"是开展治理现代化的集中体现。预防性管理不仅要有规章制度、有管理思想，同时要与正确的管理方法相结合，依"法"行"术"，以术理事，以道驭人，以德服人，方可造就管理之"势"。

3.5　系统目标分解与实现

公路管理是管理主体围绕实现公路管理系统目标，合理配置和利用各方资源对各项业务开展规划、组织、协调、执行、控制的过程。系统目标是预防性管理得以实现的前提与关键，公路管理体系化的不断深入促进了公路管理系统目标的不断完善。预防性管理通过一系列预先分析、预防预控活动，最终实现系统目标。因此，对系统目标的分解与实现过程进行研究与分析，是预防性管理理论的重要内容。

3.5.1　系统目标分解

系统目标分解是将系统总目标分解到各组织层级直至执行人，形成目标体系的过程，系统目标的分解是明确目标责任的前提，是系统总目标得以实现的基础。

（1）系统目标分解方法

系统目标的分解方法有两种：按时间顺序分解和按组织关系分解。

①按时间顺序分解，即将系统目标的实施进度进行逐一分解，这种分解形式有利于目标实现过程中的检查和控制，并形成系统目标的时间体系。

②按组织关系分解，又包括两种，一种是按照管理层次的纵向分解，即将系

统目标逐级分解到每一个管理层次，直至目标分解至个人；另一种是按照职能部门的横向分解，即将目标分解至职能部门。这种分解方式构成了系统目标的空间体系。

系统目标分解采用 WBS 目标分解方法，WBS 是一种将复杂任务分解为可管理、可跟踪的简单任务的方法，确保目标层层分解可实现，任务层层细化可落实，以此形成从目标—任务—工作—活动的层级关系。系统目标的分解包括两个主要过程，一是根据不同业务单元进行分解，即所有业务单元目标能够整合为系统目标，各个业务单元目标处于同一层级，互不干扰；二是将各业务单元目标依据 WBS 分解方法，进行逐一细化，从宏观层面的定性目标逐步细化至定量、可实现的子目标。

（2）系统目标分解结构

系统目标的实现需要建立完善的内部管控机制，并对外部工作进行有效协调。这种内部管控机制的建立包括制订科学的系统目标战略计划、配套系统战略治理架构及组织任务目标，其中，系统目标战略计划处于核心地位，具有总目标计划的客观性，而任务目标具有内外任务的双重性，治理架构具有架构职责的界限性。

为了保障系统目标实现的最大可靠性，系统目标可被分为若干独立单元，各独立单元再根据其实际内容分解成若干具体目标单元，通过各项具体目标单元之间的有效运行和具体目标单元的完成来实现系统目标，由此构成了系统目标单元分解结构，如图 3-5-1 所示。治理架构、战略规划与任务目标是系统目标下的三个独立单元，根据各独立单元的实际管理内容进行再分解，如治理架构按照业务层级逐一分解为决策机构、经营机构、业务部门、业务岗位，战略规划按照时间关系分解为五年、年度、季度与月度计划，任务目标根据组织层级分解为企业、部门、班组与岗位目标等。

3.5.2 系统目标实现策略

在预防性管理理论中，系统目标的实现是建立在大数据前提下的因果逻辑推理，以高质、高效为标准内容，实现目标常态化，目标、任务、因子、方法的系统化，内容、程序、格式的规范化和标准化以及行为主体、环境、时间的可靠性。系统目标的实现基础是数据信息的获取，信息质量决定预防性管理质量和效率。系统目标的实现策略包括：执行控制、数据化管理、字典化管理、常态化管理、创新

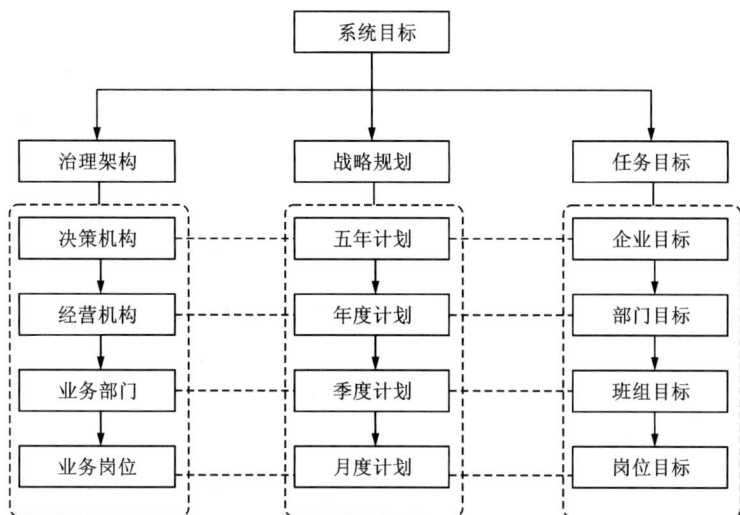

图 3-5-1　系统目标单元分解结构

性管理五种策略。

（1）执行控制

运用预控预防的思维引导目标顺利实现，还需要过程中的执行力与控制力。执行控制以"凡事重在落实"为基本内容，将"执行控制"作为所有行为的最高准则和终极目标，贯穿目标的实现全过程。

就公路管理而言，执行控制是指能够保证各管理层次、各单位和各岗位的员工严格遵守法律、法规、规范和项目管理者制定的各项制度、计划，并实现项目预期目标的全面及系统化的整套管理理念、管理方法、管理手段和管理措施。执行控制手段集先进管理理念、管理方法于一体，共同服务于系统目标的全面实现，并有效地保证对系统目标的持续控制与反馈。

（2）数据化管理

数据化管理是通过对管理事件事前、事中原始数据信息和相关量化指标数据，以及同类事件相关信息的收集、存储、分析等技术手段得到有价值的数据信息，并利用数据成果开展预防性管理。

原始数据一般是各种类型的结构化、半结构化及非结构化的海量数据，需要进行分析、推断与转化等加工处理，才能获得可用信息。同时，预防过程还必须不断地对信息进行更新，实现信息采集的连续、稳定与标准化。现代数据管理通常采用大数据技术，它具备关联性、可追溯、可复制、可查询的特点，可以从各种类型的数据中快速获得有价值信息，其关键技术一般包括大数据采集、大数据预处理、大数据存储及管理、大数据分析及挖掘、大数据展现和应用(大数据检索、大数据可视化、大数据应用、大数据安全等)。大数据技术的应用实现了管理信息的数据化管理，其根本是实现精准预防、高效预防、精准治理的目标。

1)大数据采集

大数据采集一般分为大数据智能感知层和基础支撑层两方面。大数据智能感知层实现对海量数据的智能化识别、定位、跟踪、接入、传输、信号转换、监控、初步处理和管理等；基础支撑层提供大数据服务平台所需的虚拟服务器与基础支撑环境等。

2)大数据预处理

大数据预处理主要完成对已接收数据的辨析、抽取、清洗等操作。辨析是指将已接收的数据进行分析与说明的过程；抽取是指因获取的数据可能具有多种结构和类型，数据抽取过程可以将复杂的数据转化为单一的或者便于处理的构型，以达到快速分析处理的目的；大数据并不全是有价值的，要对数据进行过滤清洗、去噪，以提取出有效数据。

3)大数据存储及管理

大数据存储与管理是运用存储器将采集到的数据存储起来，建立相应的数据库，并进行管理和调用。大数据存储与管理的关键是解决复杂结构化、半结构化和非结构化数据的处理难题，保障大数据的可存储、可表示、可处理、可靠性及有效传输。

4)大数据分析

大数据分析技术是指采用数据挖掘和机器学习方式进行数据分析的技术。数据挖掘是从大量的、不完全的、有噪声的、模糊的、随机的实际应用数据中，提取隐含在其中的、人们事先不知道的、但又是潜在有用的信息和知识的过程。机器学习是研究计算机怎样模拟或实现人类的学习行为，以获取新的知识或技能，重新组织已有的知识结构使之不断改善自身的性能，机器学习技术是人工智能的核心，是使计算机智能化的根本途径。

大数据分析技术着重突破：①可视化分析，是指数据图像化，即让数据自己说话，让用户直观地感受到结果；②数据挖掘算法，是通过分割、集群、孤立点分析等各种算法来精炼数据，挖掘价值；③预测性分析，可以根据图像化分析和数据挖掘的结果做出一些前瞻性判断；④语言处理技术，包括机器翻译、情感分析、舆情分析、智能输入、问答系统等；⑤数据质量和数据管理，是指透过标准化流程和机器对数据进行处理可以确保获得一个预设质量的分析结果。

5）大数据展现与应用

大数据技术能够将隐藏于海量数据中的信息和知识挖掘出来，为人类的社会经济活动提供依据，从而提高各个领域的运行效率，大大提高整个经济社会的集约化程度。

（3）字典化管理

字典化管理是管理体系现代化的具体表现。管理者根据单元化原理，将管理对象与管理内容按照管理业务特征和具体的范畴分解为若干信息单元，每个信息单元按照目标实现途径和有关规则，编制成可操作的管理字典。这种利用专项业务字典开展管理的方法称为字典化管理方法。

字典化管理方法包含编制字典、运用字典两个方面的内容，与预防性管理实施要点形成对应。编制字典是字典化管理的基础，在编制过程中要根据一定编制准则与标准对所有管理对象与管理内容进行归类、划分及排序，从而形成完整的数据字典，运用字典是字典化管理的关键步骤，运用字典的好坏决定了字典化管理效果的好坏，因此不仅要运用字典，还要用好字典。管理字典是自然规律、技术成果与管理方法的结晶，是管理细则、标准、指南等制度内容的系统化、规律化和具体化，是预知和预防性执行的基础支撑，是管理效率和质量的根本保障。

管理信息字典化过程体现了预防性管理的系统性、关联性和针对性以及主动防备性的特点。

（4）常态化管理

"常"与"变"是中国文化和中国哲学的重要思想内涵，它指出了事物存在的不同形式或运动的不同形态所建立起的既对立又联系的辩证关系。常，为永恒、固定不变之意，《玉篇》："常，恒也"；《正韵》："久也"，有恒常、经常、不变的意思。变，为变更、变化之意；《说文》："变，更也"，变更就是改常、易常；《诗·七月》孔颖达疏："变者，改常之名"。常与变的形成与发展在《周易》《孙子》等名著中有充分论述，在《黄帝内经》中更是充分体现，荀子从体常与尽变的联系中指出常与变的对立统一是"体常不变而能穷尽事物的变化，事物的变化又以体常为本"。"体常"指依据事物的本质、规律和行为法则，事物的发展过程存在无数的可变因子，在因子变化和处置过程中推动着事物向前发展，这种发展在变革为新事物之前始终表现为守恒状态，这种状态就是事物发展的相对稳定性。常态化管理就是依循规律、坚守原则，自觉处置影响事件实现高质量目标的持续性行动。"体常尽变"或"守常处变"管理之道在中国延续两千多年，在现代管理实践中仍具有普遍的指导意义。

传统公路行业的变革将是一个"守常处变"的循序渐进过程，是一种通过不断处置问题不良因子中实现自我改进式发展的过程。"守常"就是掌握规律，坚持法则。"经营好公路、服务好社会"的宗旨意识，"创新、向上、文明、和谐"的企业精神，"执行疏导、效果控制、防治结合"的管理文化，"认真负责、积极工作"的工作态度，"重点管理，全面保障"的管理思路，常态化地高质量、高效益完成了路产养护、经营、管理等各项管理计划目标。这些是公路管理实践的规律和必须坚守的本质，是公路管理之常。

"处变"就是解决问题，处置影响因子。部分员工心理和意识上存在懈怠，表现为工作不积极、不认真、责任不足等内部问题；危化品、超限、超载等违规车辆运输等外部环境造成的安全风险；自然老化和使用环境条件变化等造成的结构物病害；经营环境及路网变化等对主营业务收入的影响等。这些都是公路管理实践中出现和必须解决的问题，是公路管理之变。

既知常，何守常？既知变，何处变？常态化管理必须做到不忘本质，稳步前行。通过对公路管理计划的有效执行，实现对各项管理计划的有效控制，充分发挥公路功能并常态化地高质量、高效益完成系统目标。

（5）创新性管理

创新发展的本质是开发新兴产业、激活传统行业，实现价值提升。事物的矛盾总在不断变化，这种变化也推进事物不断向前发展，在发展道路上，现有的技术和方法并不能完美地解决事物发展中存在的旧问题和不断出现的新问题。因此，创新研究是预防性管理推动系统目标价值不断提升的必要环节。要解决不断出现的矛盾，只有通过不断探索创新，在实现系统目标的同时推动价值功能的提升，这种依靠已知信息，不断突破常规，发现新事物、新方法的过程就是创新。创新带来事物本质性的改变，实现了新价值，推动了事物向前发展，创新发展成为预防性管理理论新的方向和生命线，并成为预防性管理又一明显的文化特征和预防性管理的新常态。

1）创新是预防性管理的协调器

创新形式包括外部类似成果的借鉴吸收和内部发展战略的技术攻关与应用，

创新源于忧患，是具有前瞻性的探索过程。"生于忧患死于安乐"，创新是预防性管理的协调器，能够有效协调和解决管理过程中出现的问题，创新是一个组织永远具有生命活力，立于不败之地的制胜法宝。

2）创新是发展的源动力

创新是预防性管理内在的动力源，通过对固有事物的经验总结，和对固有事物的认识，对理论知识成果的学习和吸收，开展前瞻性的探索，针对新矛盾提出新的技术和方法，促进了生产力的进步和事物的发展，如图 3-5-2 所示。

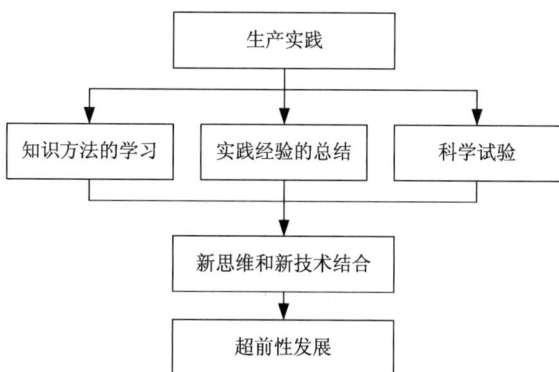

图 3-5-2　创新发展方式

3）管理创新和技术创新

创新是通过自然和社会规律的发现实现技术和方法的突破，可分为技术创新和管理创新。技术创新是在生产实践中通过总结、发现、改进等方式和技术活动，改进现有工艺、手段、方法或创造新产品，使生产质量、效率和管理效益得到量的提升的过程。管理创新一是在实践中通过引入新的管理要素或要素组合使管理更加系统、高效，并保障目标结果的可靠性；二是通过新理论、新方法指引，建立新的运行模式，在强化主营业务质量、效率的同时实现跨行业发展和管理效益质的提升。技术创新是物质的、是基础，管理创新是精神的、是灵魂，只有两者相生相伴，才能改造或促进传统行业的发展。管理创新为技术创新提供导向性需求，将技术创新的成果转化为有价值的产品。

第4章 公路专业数字化管理方法

数字化管理方法是将数字化技术与管理理论和原理相结合来完成管理任务、实现管理目标而采取的方式、方法和手段的总称。公路专业数字化管理方法是指在公路管理中,运用专业数字化技术手段,集成行业管理中的基本业务规范、标准,利用公路专业数字化管理平台,实现对管理主体、要素条件的智能化管理而采用的方式、方法和手段。通过对公路管理实践的研究和总结,将公路专业数字化管理方法归纳为 CPFI 管理、"本质安全"管理、集约化管理、全面化管理和资产数字化管理学等,这些管理方法也构成了公路专业数字化管理平台建设的依据和基础。

4.1 CPFI 管理方法

CPF 管理即合同化管理(contract)、程序化管理(procedure)和格式化管理(format),是实现系统目标的核心方法。合同化是将合同管理的思想应用于公路管理的全过程,其注重以合同的形式对系统内容进行全方位的掌控,实现目标管理合同化;程序化要求所有的管理流程与管理内容都按照标准、规范的流程进行操作,以此减少因非标准作业而产生的不良因素,实现内容执行程序化;格式化是将系统内所有管理内容采用统一的格式进行管理,实现管理内容格式化,促进整体管理水平的提升与效果优化。

CPFI 管理则是在 CPF 管理的基础上加入了信息化管理（information）。信息化管理强调通过数字化平台的建设，将管理要素、过程与目标等系统内容转化成计算机可以识别的信息，实现执行操作信息化。信息化管理能够最大化发挥大数据管理的优势，将各阶段、各过程、各管理要素烦琐复杂的信息运用格式化的方法统一编码、直观简单地呈现并分析、处理，高质高效地实现系统目标。

4.1.1　合同化管理

（1）合同化管理的内涵

合同化管理是在合同管理基础上发展形成的新型管理方法，是公路管理中合同管理的规范化、标准化管理模式，是公路管理者以合同的形式对公路质量、安全、进度、投资、社会五大目标及其业务开展所进行的各项管理活动。合同化管理既具有合同管理的特点，又拓展了合同管理的内涵，是合同管理的创新与发展。

合同化管理以事前控制为理念，针对公路管理的各项目标，事前制定好详细规范的管理办法，并在相关的合同专用条款中列出，将详尽的管理办法作为合同内容的重要组成部分。同时，对公路管理过程中可能出现的各种混乱因素事先进行约束，明确在项目实施过程中合同管理各方主体的责权利，从而避免管理过程中可能出现的各种矛盾，也保障公路项目各项目标的实现，即"事前控制""有约在先"。

合同化管理是合同管理的延伸与升华，合同化管理覆盖了合同管理的全部内容。与公路管理相关的所有规定，包括各项管理制度、办法、管理格式、管理流程、国家和地方现行的强制性行业标准与规定都是合同化管理的依据和内容。只有系统性地将各项规章制度作为合同的有效组成部分并严格执行，才能发挥合同化管理的效力。

（2）合同化管理目标

合同化管理目标是督促合同各方自觉遵守各项规章制度、各种管理方法、自我控制管理全过程的实践行为，使各项指标全方位达到合同管理的要求。

合同化管理将合同双方由被控制转变为自控，是公路管理中一个质的飞跃，这样使得合同各方的管理人员从繁杂的督促、整改、再督促、再整改的怪圈中解放出来，集中精力专注于解决公路管理过程中的重大难题，化解重大风险，提高工作效率,极大地减少成本、安全等目标失控的风险,促进合同管理与公路管理目标的融合。

(3)合同化管理与数字化技术

对于合同化管理来说,数字化技术的加入可以为管理主体提供一个合同全部覆盖、管理制度完善、管理标准统一的合同化管理平台。公路管理机构能够通过数字化管理平台实现对合同起草、审批、用印、履行和归档、终止等阶段的规范管理,实现对合同业务流、数据流的全过程管理。数字化平台能够记录贯穿于合同签订前、签订后以及合同履行后的全流程数据,后期的数据分析和处理可以为将来的管理优化提供依据。合同化管理要求全员参与到合同化管理的过程中,通过数字化管理平台实现合同信息的实时共享,提高合同履约和评审的效率。高层领导或部门领导可以通过数字化管理平台高效地对合同的立项、审批、文本、履行、结算进行严格监管,实现"事前预防、事中执行、事后监督"的全过程管控。数字化技术的加入可以真正意义上优化管理流程、提升管理水平,从而实现降本增效和高效管控风险。

4.1.2 程序化管理

(1)程序化管理的内涵

程序化管理是执行控制的关联工具与手段之一,为公路管理目标的顺利实现提供强有力的保障。程序化管理一般包括进行某种实践活动或完成某项工作的内容、操作方法及其相应的规则系统,它们前后衔接、具有递进关系。管理者一般将反复出现的业务编制成相对确定的程序,执行人员只要按照程序去做,就能得到较好的结果。程序化管理方法要求将企业的组织结构、部门职责、规章制度、岗位描述等均录入企业管理平台中,员工按程序在平台上处理各项工作。程序化管理方法是企业日常工作高效、自动运作的基本保障,也是企业管理制度的重要组成部分。

程序化管理以职权一致的理念为指导,将管理流程和工作标准按一定规则固化下来,形成执行程序的范本。程序化管理以实施细则为依据,实现了执行业务内容定单位、定部门和定岗、定人、定时、定责的管理。通过程序化管理,能够规范人员工作及管理行为,实现对企业关键工作的规范化管理,以及资源的合理配置。

（2）程序化管理原则

程序化管理存在于一切活动中，科学制定程序有助于提高效率。制定完善的工作程序是程序化管理的重点，要以标准化原则为指导，遵循适用性、计划性、统一性、协调性和最优化等原则，始终把提高管理水平和工作效率作为程序化管理的首要目标。

①实用性原则

制定工作程序要从各部门管理的实际工作出发，总结各部门关键工作的流程，形成程序化工作范本，采用叙述式、框图式、表格式或其他形式来描述各项工作的程序和实施步骤。编制的工作程序要既能说明问题、解决问题，又能便于宣传掌握和贯彻执行。

②简化性原则

各类工作是程序化管理的对象，在制定工作程序的过程中，要化繁为简、去劣存优，在充分反映程序内涵的前提下，使工作程序精炼、合理、规范、便于掌握。

③统一性原则

把一些分散的、相关的、重复的管理工作事项，进行科学的合理归并，使编制的工作程序在内涵和构成形式上具有一致性。

④协调性原则

以系统的观点处理不同工作之间的相互关系以及单个工作的各工作程序之间的相互关系，使各个工作以及不同的工作程序之间建立相互适应、相对平衡的配合关系，相关联的工作和工作程序之间不发生冲突和矛盾，以实现程序化管理的最佳效果。

⑤最优化原则

对程序的构成要素及其相互关系在一定条件下进行选择、设计、调整或优化，达到建立良好的管理秩序、提高管理水平和工作效率的目的。

（3）程序化管理步骤

①制定程序

制定程序是为了明确工作任务、做法及对应的工作人员，从而达到理顺工作关系、填补漏洞、建立共同行为准则的目的。制定程序是程序化管理的一项基础工作，程序的制定应有专人或专门的团队负责。在制定程序的过程中也要不断审视程序的科学性与适应性，发现问题及时修改。

②颁布程序

程序制定完成后，负责程序编制的团队应召集有关部门进行专题论证。在论证过程中，要对程序及程序的每一个工作环节进行系统的研究，对程序进行简化和完善，必要时，还应对工作步骤按合理的逻辑重新排序、论证，最终提交修改后的程序，并在签批后颁布。

③培训及运行程序

颁布程序后，首先由主管部门负责对相关人员进行逐级培训，培训内容包括程序内容、程序执行、考核制度等。培训中要强调工作质量和工作效率来源于科学程序的观念。同时，要让员工明白按程序办事才能保证各部门密切配合，提高效率。由程序编制团队对培训效果进行考核，同时由主管部门对程序执行情况进行巡查，及时评估执行情况，对违规者提出处理意见。

④修订与废止程序

每一项程序的修订与废止都应由主管部门在充分调研的基础上提出修订方案或废止申请，报上级批准后，由主管部门负责将结果及时告知相关人员，其过程与一个新程序的制定过程基本相同。

(4)程序化管理与数字化技术

如果把程序化管理的四大步骤与数字化技术手段相结合，会有更好的效果。程序制定和颁布是多员、多层级参与的过程，且程序正式颁布之前需要经过多次修订。数字化管理平台的协同性特点可以方便多位参与者之间进行实时沟通，支持程序实时修改，能提高程序制定及颁布过程的效率。此外，数字化管理平台会对程序执行数据进行记录，主管部门通过数字管理平台即可对执行情况进行评估，过程简单高效、公开透明。同时，数字化平台记录的数据可以为之后的程序修订提供数据支撑，甚至可以通过对执行过程的数据分析实现程序的智能优化。另外，程序化管理是推行数字化技术的必然要求，工作流程是企业数据流、信息流的主要载体，只有工作程序规范、明确，数字化技术应用才具有依托基础。

4.1.3　格式化管理

(1)格式化管理的内涵

基于精细化管理提出的格式化管理，是公路管理机构为加强对管理目标的控制，采用系统思维进行标准化管理的创新管理方法。格式化管理是采用统一的格式对公路管理的所有内容进行管理。对于参与公路管理的相关方，其业务最终成果基本上采用表格来反映，从而达到统一标准、统一格式、统一管理、保证质量的"三统一保"目标。用格式化工作语言固化管理职能、优化管理流程、提高管理效率。在格式化管理的实施过程中，既要考虑局部管理的优化，又要兼顾各管理部门及全局的管理效率，以统筹的眼光审视和解决问题。

格式化管理即利用表格将公路管理中的每一个环节都按照公路管理机构制定的管理程序进行执行，不是简单地应用表格记录数据，而是对公路管理表格的系统应用。利用表格记录和传递每一个执行过程中产生的信息，规范地处理信息，并对信息加以应用和实时控制，以快速地为管理者提供信息和决策依据。格式化管理以统一的标准格式对信息进行获取、传递与处理，能够保证信息的真实有效性。格式化管理体现了精细化管理的思想，强调公路管理目标的细化、分解、落实，强调可量化和精确性，保证各参与方对管理目标的准确控制。因此，格式化管理的规范性与可实施性非常重要。

（2）格式化管理的方法体系

格式化管理的方法体系，从理念到应用，可以分为三个层次。

第一层次：理念层次。格式化管理精准细严的特征也是格式化管理的核心理念，是管理人员执行格式化管理的认识、决心和态度。

第二层次：策划层次。格式化管理的策划是对公路项目实施格式化管理的总体规划，起着提纲挈领的作用，主要包括对格式化管理执行过程的细化与量化、流程化、标准化以及协同化等，提出格式化管理的目标和要求，编制成套的管理格式和实施办法，是格式化管理的顶层设计。

第三层次：实施层次。格式化管理的实施，是对策划层次的延伸与具体化，将基本方法和具体操作方法综合运用，以解决具体业务，形成更具体的工作方法和技巧。

（3）格式化管理与数字化技术

格式化管理是基于精细化管理提出的一种创新管理方法，但精细化往往会导致管理复杂化，也可能会降低管理效率。采用"统一标准、统一格式、统一管理、保证质量"的格式化语言来记录和表达信息数据有利于实现管理的标准化和规范化，但随之产生的对大量多种类表格进行管理的工作可能复杂且低效。数据规模变大之后，表格的录入、分类整理以及提取使用过程耗时耗力，规范与高效之间产生了矛盾，可谓是"鱼与熊掌不可兼得"。而数字化管理平台能够解决这一问题，表格模板以及所有的数据都能在平台上分类集中存储，调用起来方便快捷，通过平台即可对其进行统一管理。通过对原始数据的分析处理，管理者可以获得大量的有价值信息，为未来的管理决策提供数据支持。

4.1.4　信息化管理

（1）信息化管理的内涵

现代信息技术的迅猛发展对公路管理的思想、组织、方法和手段产生了深远影响，使得公路管理开始向集成化、信息化方向发展。公路信息化管理以实现公路管理目标为目的，根据目标管理内容和理念，将现代信息技术嵌入公路项目的建设方式、业务流程、管理方式与组织方式中，并且开发出一套公路专业项目信息处理软件与项目管理信息平台相结合的系统，实现对公路项目从立项至项目运营的全过程数字化、智能化管理，提高公路管理水平，加强对项目的执行控制力度。基于信息化管理的公路管理的组织纵向层次减少、横向联系增加，并且向虚拟化转变，成为公路管理的重大变革。

公路信息化管理是信息论在公路管理过程中的应用，强调通过信息技术加强对公路管理目标的主动控制，具备以下三个要素。

①公路信息管理

完整的公路信息是公路信息化管理的基础，公路信息管理应该遵循集中化、数字化、完整性、一致性、安全性和可检索性等要求，实现公路信息的集中统一管理和便捷使用。

②公路信息共享

公路管理往往涉及多个参与方，参与方的分散性使得各方在信息共享与沟通方面消耗大量的人力、物力、财力。公路信息化管理需要实现公路信息在参与各方中的共享，使参与各方随时随地查看公路相关信息，并根据公路信息对公路进行管理，从而更好地对影响公路管理目标实现的有关情况进行实时控制。公路信息化平台应打通建设与运营的壁垒，实现建设信息与运营信息的共享。

③管理协同作业

公路信息化管理需要改变参与各方杂乱无序的传统沟通方式，实现有序的在线协同作业，使管理成员间的沟通、决策具有一致性和协同性，更好地实现公路管理的整体目标。

（2）公路专业信息化管理的意义

在公路项目全寿命周期中实施信息化管理，是当前我国公路管理的先进理念，也是我国公路管理今后的发展方向，其重大意义在于：

①信息化管理是管理工作规范化、科学化、智能化的需要。

实行公路信息化管理，有利于统一公路管理过程中各项业务流程、报表的格式，使管理规范化、科学化，更具有可操作性。此外，公路管理活动中存在许多重复性工作，公路管理人员往往需要花费大量精力去完成，信息化管理利用信息技术实现对重复性工作的智能管理，可以大大节省管理人员的精力，提高公路管理的效率和水平。

②信息化管理是保证公路管理顺利实施的需要。

实行公路信息化管理，能对路产养护、路产管理、路产经营、运营安全、运营成本和运营绩效实现动态管理，从而及时发现问题，保证公路的正常运营。管理人员可以从繁杂的、重复的事务工作中解脱出来，将更多的时间和精力放在关键性的管理环节上，提高管理效率。

③信息化管理是控制投资、加强成本监管的需要。

实行公路信息化管理，使管理透明化，便于更好地监督公路建设和运营状况，对建设投资和运营成本进行动态控制，减少车辆、人员的频繁调用，降低管理费用，提高工作效率。

④信息化管理是公路管理与国际惯例接轨的需要。

信息化管理是先进的管理理念融合先进信息技术而形成的新兴现代化管理手段。尽管在国外应用较为广泛，贯穿于各类工程项目管理的全过程，但在国内还远没有达到普及的程度。因此，信息化管理必须与国际惯例接轨，更好地执行 FIDIC 合同条款，使我国公路管理尽快驶入信息化快车道。

4.2　"本质安全"管理方法

《中华人民共和国安全生产法》第三条规定，安全生产工作应当以人为本，坚持安全发展，坚持安全第一、预防为主、综合治理的方针，强化和落实生产经营单位的主体责任，建立生产经营单位负责、职工参与、政府监管、行业自律和社会监督的机制，提出了安全生产的方针、责任、管理机制等关键问题。公路安全管理是公路管理的重点工作，而公路的运营期在公路全寿命周期中占有最大比重。因此，公路运营安全是公路管理的重点，也是公路运营企业保证安全生产必须要关注的重点。公路运营必须毫不动摇地坚持安全管理方针，并从公路运营安全的本质上以安全目标为导向，提出系统的安全管理方法。

4.2.1　"本质安全"的内涵

《论语·学而》中有"君子务本，本立而道生"，表示凡事要致力于根本，无本则无道、无制度、无体系；有了根本，才有道。而"道生一，一生二，二生三，三生万物"（老子《道德经》）。"一"生规律、亦生万物，一个人只有做好自身安全并不妨碍他人安全才能保证自身和他人的安全，只要人人安全则社会安全。因此，以"大道至简"哲学思维培养每一个单元目标安全观，使目标安全意识根植于每个人心中，如同吃饭、睡觉一样成为常态的自觉行为，这是高质量完成安全目标的根基。从安全目标"点线面"管理原理可以得知，确保公路运营安全既要强调落实安全生产管理方针，更应该强调每个人在安全生产中的责任、主体作用，强调公民的安全意识和自救意识是安全生产的第一要素。这个安全生产的原理是确保公路运营安全的关键，应该成为全社会每个公民对安全本质的认识。

运营安全针对人、事、物三个维度的多方面要素以及安全记录进行管理。人是指一切与运营安全有关的主体或对象，包括管理机构和执行机构及其个体单元；事是指涉及安全内容的一切事件，包括路基工程、桥梁工程、隧道工程、路产养护、经营及管理业务执行中违反安全规定的行为；物是指一切与安全有关的物质要素，包括安全设施、安全设备、安全物资及费用投入；安全记录是指履行安全和监管两个责任主体的安全档案，包括机构、检查、整改、教育培训、投入、应急演练等安全制度及执行台账和安全形势分析等。"本质安全"所延伸出来的"本质要素"管理方法同样适用于质量、计划、成本等专项目标的管理。

为确保公路运营安全，必须从本质上系统认识导致运营安全隐患的原因，按照本质安全哲学思维有针对性地提出保障管理方法和技术措施。

4.2.2　内因安全和外因安全

根据预防性管理理论，根据公路本体和影响公路运营安全的本质因素划分，公路运营安全可以分为内因安全事件和外因安全事件两大类。

（1）内因安全事件

公路运营内因安全事件是指在正常使用荷载（一般指控制运营荷载阈值）作

用下，因设计缺陷或施工不规范造成的结构质量缺陷以及养护不及时或管理不到位，从而造成结构损伤积累和结构本身的自然老化等，继而引起主体结构的破坏，并造成经济损失或人员伤亡。造成内因安全事件的因素主要包括：设计标准满足不了运营使用的荷载标准；桥梁设计荷载标准偏低；设计理论不完善或设计计算不准确造成的本体结构缺陷；施工操作不规范、新工艺使用不成熟、现场监管不到位导致的结构性病害；在不良运营环境中，由于先天性缺陷加之养护不及时造成混凝土碳化、钢筋锈蚀、冻融破坏等耐久性问题；不良自然条件造成设计和使用条件变化等问题；运营过程在使用荷载作用下造成结构损伤累积和疲劳失效等。典型的内因损毁事故如 1999 年重庆綦江彩虹桥整体垮塌事故和 2001 年四川宜宾小南门大桥吊杆断裂事故等。

（2）外因安全事件

外因安全事件是指在非正常荷载或不可控自然灾害以及人为破坏等外部条件和突变环境激励下，引起路产结构即时破坏或因损伤导致的延时破坏。造成外因安全事件的因素主要包括：使用损害，如超载交通、事故碰撞、危化品爆炸、火灾等；自然灾害，如地震、水灾、风灾等；人为破坏，如战争、暴恐、偷盗等；突变环境，如超负荷运行极端气候、不良环境等。近年来，随着我国经济快速发展，超重超载运输、危险品运输、船舶撞击成为最突出的外因安全和内因安全的诱导因素，典型的外因损毁事故如 2007 年包头市民族东路高架桥桥面倾斜垮塌事故和 2007 年广东南海九江大桥运沙船撞击桥墩致上部结构整体垮塌事故等。

长期以来，发生在公路上的安全事件往往是内因安全因素和外因安全因素同时存在，即由于外因安全因素造成的事故或多或少存在公路本身质量缺陷的内因问题，而以内因安全因素造成的事故或多或少存在因超载运输造成结构损伤积累的问题，两者的主次矛盾可以互相转化，但是，存在于内部的质量问题和管理不规范问题是根本问题。因此，公路运营企业和管理者应该认清造成安全事件的本质，以科学的态度构建安全管理技术体系并落实好各项具体措施，才能从根本上消除安全隐患，保证公路的运营安全。

4.2.3　安全管理方法和技术

按照公路养护管理工作制度，我国公路养护和安全实行统一领导、分级管理，即各级交通主管部门负责管辖区域内公路养护和安全管理工作的行业管理与监督；各级交通主管部门（或公路管理机构）和公路运营企业负责本行政区域内收费公路养护和安全管理工作；公路养护作业单位按照合同条款直接承担相应安全责任。针对内因安全因素与外因安全因素，基于预防性管理理论和安全目标的"点线面"管理原理，明确运营安全管理责任主体，提出落实公路运营安全生产责任的基本管理方法和具体安全管理技术。

(1)安全管理基本方法

在公路运营过程中，危险源和不安全因素是导致安全事故发生的基本因素。因此，只要识别并控制住危险源，消除或避免不安全因素，就可以防止安全事故的发生。对危险源的控制是一个随时间推移而动态变化、不断更新的过程。为了在项目推进的各个阶段有效地识别危险源，消除危险源带来的影响，可以采用PDCA动态管理方法进行安全管理。首先，对危险源进行识别、评价，然后针对危险源编制和执行安全风险控制计划，并对执行情况和效果进行检查，最后结合检查结果进行计划的调整。

(2)安全管理技术

安全管理与不安全因素息息相关，安全管理技术要具有针对性，以消除和避免不安全因素为目的。不安全因素可以归结为人的不安全行为、物的不安全状态和环境的不安全条件。消除和避免不安全因素，需要管理者加强对人员、设备的管控和对外部环境的动态监控，借助工人安全状态监测技术、机械设备监控系统、天气监测预警雷达技术等数字化技术，对人员、设备和环境的监控工作更为高效和全面。

根据预防性管理理论，将公路安全管理技术分为常态安全管理技术、安全应急管理技术、安全管理平台应用三大模块，各模块的运行既相互独立，又相互支撑，构成一个有机整体，如图4-2-1所示。安全管理技术体系实现了内因安全和外因安全管理方法和手段的有机统一。

1)常态安全管理技术提出了确保常态性安全的管理方法和查控手段。在正常运营状态下，依靠工人安全状态监测技术、机械设备监控系统和天气监测预警雷达技术等数字化安全监测技术结合"三位一体"预防性管理养护技术及"三巡两检一控制"安全查控技术来保障公路在正常运营状态下的安全运营，确保公路的常态性安全。

2)安全应急管理技术通过对安全风险因素和诱导条件的辨识提出应对风险事件的具体方法及措施。在紧急状态下，要迅速辨别危险源并进行安全风险评估，利用各类安全监测技术持续监控公路的安全状态，并及时采取安全管理应急

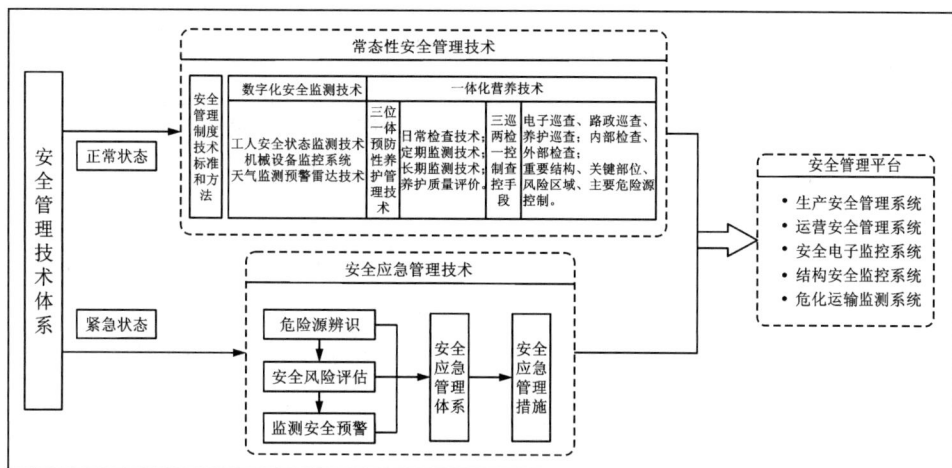

图 4-2-1　公路运营安全管理技术体系框架

措施以减少损失。

3)安全管理平台是利用物联网手段实现常态性安全和应急反应的数字化管理平台。在安全管理平台中,运用常态性安全管理技术和安全应急管理技术,把公路安全管理对象进一步细分为生产安全、运营安全、结构安全和危化运输安全,并针对每个不同的管理对象建立单独的安全管理系统,4 个管理系统与安全电子监控系统形成有机整体,构成公路安全管理平台。

4.2.4　应急响应

依据公路内因安全因素和外因安全因素,结合应急管理体系,可以建立安全风险事件识别条件和应对措施的对应关系。通过预测可能发生的风险事件,并预先建立风险事件与应对措施的对应关系,在发生安全风险时,公路运营企业能够迅速响应,启动应急预案,采取措施尽量减少安全风险带来的损失。

常见的安全风险应急响应分类如表 4-2-1 所示。

表 4-2-1　常见安全风险应急响应分类对照表

风险类别	风险事件	识别条件	应对措施
自然灾害	雨	雨水如线，雨滴不易分辨（小到中雨）	通过电子可变情报板发布警示信息：雨天路滑，小心驾驶
		雨如倾盆，模糊成片（大到暴雨）	通过电子可变情报板发布警示信息：路段限速 60 km/h；通知路政进入风险区域警戒
	风	风速 10.8~13.8 m/s	通过电子可变情报板发布警示信息：大风天气，路段限速 80 km/h
		风速 13.9~20.7 m/s	报告值班领导，通知值班经理坐镇监控应急中心指挥，路政进入风险区域警戒；同时通过电子可变情报板发布警示信息：大风天气，路段限速 60 km/h
		风速 20.8~24.4 m/s	值班领导坐镇监控应急中心指挥，通知路政就位做好封桥准备，同时通报交警；通过电子可变情报板发布警示信息：大风天气，路段限速 40 km/h
		风速 24.5 m/s 以上	值班领导坐镇监控应急中心指挥，协调交警实施封闭大桥，视情况封闭路段进出口匝道，同时通报相关联网路段及电台
	雾	能见度 100~200 m	提请交警、路政加大巡逻力度；通过电子可变情报板发布警示信息：前方有雾，开灯慢行
		能见度 70~100 m，且持续时间 5 min 以上	提请交警、路政加大巡逻力度，要求路政进入风险区域警戒；通过电子可变情报板发布警示信息：大雾天气，路段限速 60 km/h；通知值班经理坐镇监控应急中心指挥，密切关注气象动态并及时报告值班领导

续表 4-2-1

风险类别	风险事件	识别条件	应对措施
自然灾害	雾	能见度 50~70 m，且持续时间在 10 min 以上	值班领导坐镇监控应急中心指挥，通知路政就位做好封桥准备；同时通报交警，通过电子可变情报板发布警示信息：大雾天气，路段限速 40 km/h
		能见度 50 m 以下，且持续 15 min 以上	值班领导坐镇监控应急中心指挥，协调交警实施封闭大桥，视情况封闭路段进出口匝道，同时通报相关联网路段及电台
	滑坡或坍塌	路基、高边坡坍塌	报告值班领导，通知值班经理和养护部门；根据险情对交通安全的影响情况，立即通知交警和路政；同时通知养护队抢险，并在电子可变情报板发布警示信息：前方坍塌，注意行驶
结构事故	车辆撞击	黄埔大桥斜拉桥斜拉索、悬索桥主缆或吊索桥受到撞击；广深高速公路跨线桥、广深铁路跨线桥、黄埔大桥北引桥等桥梁跨既有道路的桥墩或梁体受到撞击	通知值班经理和养护部门，同时向值班领导报告，并根据专业指导要求通知交警、路政分流或封闭桥梁
	船舶撞击	黄埔大桥斜拉桥、悬索桥桥墩或钢箱梁受到撞击	通知值班经理和养护部门（由其视情况协调航道管理部门），同时向值班领导报告，并根据专业指导要求通知交警、路政分流或封闭桥梁
	火灾	黄埔大桥斜拉桥、悬索桥钢桥面或龙头山隧道内火灾	值班领导坐镇监控应急中心指挥，通知"119"、交警、路政、值班领导、值班经理和养护部门；通知公司消防车现场救援，并视现场情况通知"120"、拯救队和养护队协助救援，同时在电子可变情报板发布警示信息：前方事故，注意行驶

续表 4-2-1

风险类别	风险事件	识别条件		应对措施
交通事故	交通障碍	大型路障、车辆故障、交通阻碍		通知路政,视现场情况通知交警、拯救队和养护队协助救援,并将处理情况报告值班经理
	火灾	除黄埔大桥斜拉桥、悬索桥钢桥面或龙头山隧道以外的路(桥)面		值班经理坐镇监控应急中心指挥,通知"119"、交警、路政和养护部门,同时向值班领导报告;视现场情况通知"120"、拯救队和养护队协助救援,同时在电子可变情报板发布警示信息:前方事故,注意行驶
	道路交通事故	轻微事故	一次造成轻伤1~2人,或者财产损失机动车事故不足1000元,非机动车事故不足200元	通知交警、路政和值班经理,并视现场情况通知"120""119"、拯救队和养护队协助救援,同时在电子可变情报板发布警示信息:前方事故,注意行驶
		一般事故	一次造成重伤1~2人,或者轻伤3人以上,或者财产损失不足3万元	
		重大事故	一次造成死亡1~2人,或者重伤3人以上10人以下,或者财产损失3万元以上不足6万元	报告值班领导,同时通知交警、路政和值班经理及"120""119"、拯救队和养护队协助救援,同时在电子可变情报板发布警示信息:前方事故,注意行驶
		特大事故	一次造成死亡3人以上,或者重伤11人以上,或者死亡1人,同时重伤8人以上,或者死亡2人,同时重伤5人以上,或者财产损失6万元以上	

续表 4-2-1

风险类别	风险事件	识别条件		应对措施
交通事故	危险化学品交通事故	一般事故	造成人员受伤或者危险化学品轻微泄漏，需临时中断事故现场交通	报告值班领导，同时通知交警、路政和值班经理及"120""119"、拯救队和养护队协助救援，同时在电子可变情报板发布警示信息：前方事故，注意行驶
		重大事故	造成人员死伤或者剧毒化学品泄漏影响周边环境；易燃、易爆危险化学品燃烧、爆炸；高速公路交通中断，需实施局部交通组织分流；事故造成水源等环境遭受一定程度污染，临近居民生活受到影响	报告值班领导，同时通知交警、路政和值班经理及"120""119"、拯救队和养护队协助救援，同时在电子可变情报板发布警示信息：前方事故，注意行驶
		特大事故	事故造成多人死伤或者剧毒化学品泄漏造成多人死亡、中毒，需疏散高速公路周边居民；易燃、易爆危险化学品燃烧、爆炸危及高速公路周边居民安全；高速公路交通中断，需实施跨区域交通组织分流；事故造成水源等环境污染严重，危及临近居民生命安全	

续表 4-2-1

风险类别	风险事件	识别条件	应对措施
人为事件	一般事件	行人、非机动车辆驶入	报告值班经理,同时通知交警、路政,并视现场情况通知"110"、拯救队和养护队协助处理
	暴控事件	炸弹袭击	报告值班领导,立即报送"110";同时通知"119"、交警、路政和值班经理,并视现场情况通知"120"、拯救队和养护队协助救援,同时在电子可变情报板发布警示信息:前方事故,注意行驶
		车辆遭临近车枪击	报告值班领导,立即报送"110";同时通知交警、路政和值班经理,并视现场情况通知"120"、拯救队和养护队协助救援,同时在电子可变情报板发布警示信息:前方事故,注意行驶
		桥梁关键部位(缆索、锚碇)遭纵火袭击	报告值班领导,立即报送"110";同时通知"119"、交警、路政和值班经理,并视现场情况通知拯救队和养护队协助救援,同时在电子可变情报板发布警示信息:前方事故,注意行驶
	网络事件	监控系统遭黑客入侵	报告值班领导,立即报送"110";同时通知值班经理

4.3 集约化管理方法

在公路管理中,集约化管理方法主要包括单元化管理、模块化管理、"以点带面"管理、"建管养用"一体化管理和集团化管理等 5 种管理方法。将数字化技术与集约化管理方法结合应用到公路管理中,通过整合人、财、物等资源,精简业务流程,达到提高资源利用效率、事半功倍的效果。

4.3.1　单元化管理

（1）单元化管理的认知

单元化管理是以提高管理效率为目的，将管理目标和内容对应分解成不同层次的单元，每个单元以实现公路全寿命周期的安全及服务功能和经营效能为总目标，围绕各自的子目标合理配置和利用各方资源对各项运营业务开展规划、组织、协调、执行、控制的过程。以公路运营管理为例，单元化管理是实现管理信息化、自动化的基础，也是公路运营数字化系统建设的基础。在单元化管理中，各个单元对应不同的管理目标和管理内容，每个单元的工作能相对独立地被执行，每个单元的目标也独立存在，但每个单元目标也都是为总目标的实现而存在。

（2）公路运营单元化方法

公路运营管理对象依据单元化方法可以分为路产养护、路产管理、路产经营、运营安全、运营成本、运营绩效六个基本单元。

1）路产养护单元

路产养护是指为发挥公路社会服务功能，保障公路路产质量和工程结构耐久安全，根据公路养护规范对路产开展一系列检查和维修工作。路产养护单元包括日常质量检查和保洁保养，对路产结构运营质量状况开展经常性质量检查、定期质量检查及专项质量检查，并按照公路养护质量评价标准开展定期质量评价，依据质量检查评价开展预防性养护决策和维护作业组织等活动。路产养护的目的是维持公路服务功能和使用寿命，保障结构运行安全，养护单元细分为两个子单元，一是对路产进行日常保洁、保养和经常性检查、维护；二是对结构物及其部件开展定期检查、检测、评价，并对质量缺陷进行功能性恢复，即大中修加固改造。在养护作业市场化管理过程中，养护管理一般包括小修保养和专项工程，并采用养护工程技术规范及清单格式管理。其中，小修保养按照合同约定质量标准采用总价合同承包方式，专项工程按照公路工程建设管理要求采用清单式的单价合同管理。

2）路产管理单元

路产管理通常称为路产路权管理或路政管理，是主张公路路产法定权利权益的通称，是指为维护公路运营质量，对公路使用、交通条件和环境因素进行监管，并依法保护公路红线范围内空间、结构物及设施不受侵占和破坏的活动。公路路权包括所有权、经营权和管理权，公路的公共性决定路产管理具有政府的行政职能，路政部门要参与到公路管理活动中。对于收费公路中的经营性公路，路产所有权和经营权归属于公路运营企业，管理权归公路运营企业和路政部门共同所有；对于政府还贷公路和经营性公路，其路产的所有权、经营权和管理权一般都归政府的公路管理机构所有。因此，路产管理的实质是公路管理机构或公路经营者为了维护公路路产不受破坏侵占，依据法律法规维护公路权益的活动。

路产管理单元可细分为内业管理、路政巡查和行政执法管理三个子单元，如图 4-3-1 所示。内业管理主要包括路政队伍建设标准、路政文明服务标准、路政行政窗口标准和路政档案管理四方面的内容，其中前三项内容由各省级交通主管部门或路政总队规定及监督执行，路政档案则按路政工作规范化要求按时完成路政巡查和路政行政执法过程管理的具体内容。路政巡查主要指路政队全天候对路产使用和交通环境及道路特殊自然环境开展定期和不定期的巡查并形成履责巡查台账。路政巡查重点内容包括道路施工作业、道路空间占用、超重、超宽、超载及危化车辆的整治，路面障碍物及违规行人、停车的管理等。路政行政执法管理主要包括对占用道路开展施工的路政行政许可管理；对道路占用或交通事故损坏及其他道路侵占和破坏的赔偿、补偿管理；道路交通事故及其他事故的救援或协助配合救援等。

如图 4-3-1 所示，公路管理局或公路运营企业下设路政队负责内业管理和路政巡查工作。路政队内勤组负责资料档案整理和路政许可事项；巡查组通过每四班次排列，三班 24 小时值岗，实现对路产和路权的全天候监管。

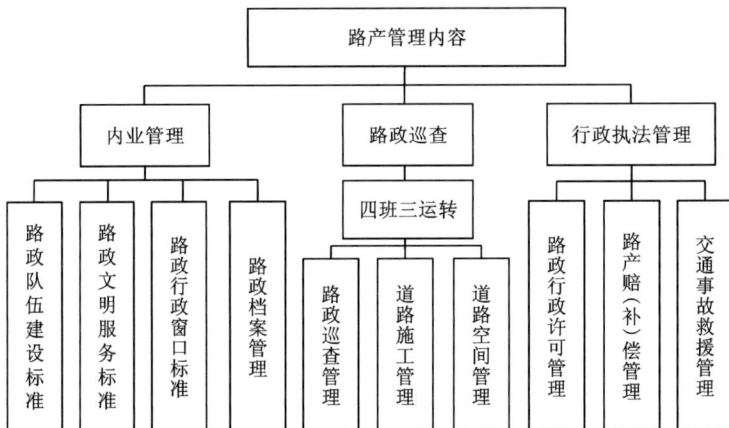

图 4-3-1　路产管理单元划分

3）路产经营单元

路产经营是指公路投资者以公路资产、权益为对象，根据公路法律、法规和市场经济规律，开展公路经济活动的总称。通常情况下，路产经营是指公路建成后，公路投资主体对公路的收费和出租业务及权益，交通组织和交通服务工作进行规划、组织、协调、实施、评价的活动过程。路产经营单元可细分为收费管理、交通营销、路产出租、交通附属产业开发等子单元。

4）运营安全单元

公路运营安全是指公路范围内一切路产本体结构安全及路产使用行为安全和一切业务生产行为安全的总称。运营安全管理是指公路功能实现过程对路产结构本体的使用及环境和养护等业务的作业过程中一切违反安全生产法规操作质量标准等行为的查处和整改。运营安全管理单元可细分为五个子单元：①路产结构本体的安全管理，主要针对桥梁隧道、防护工程、排水工程等影响安全的内外因素监督和管理；②公路安全设施的完善和管理，主要安全设施包括公路交通标志标线、公路行车安全保护设施和救援辅助设施、桥梁的助航和防碰撞设施、隧道的消防及救援设施等；③公路养护作业、收费作业等业务开展的安全管理和监管，路产占用、出租作业的安全监管等；④公路使用行为的安全管理或监管，主要包括危化车辆监管，超重、超载、超宽车辆的监管，一切违规行驶车辆的监管等；⑤依法依规开展运营安全风险评估，建立安全管理机构和安全应急保障体系，组织应急演练等。

5）运营成本管理单元

公路运营成本是指为实现公路功能和经营目标开展相关业务所投入的一切费用总和，包括路产养护、路产经营、路产管理等基本业务和质量、安全、进度等目标实现所投入的人力资源和物质资源。按照财务预算管理的相关办法和规定，运营成本包括折旧成本、养护成本、征管成本、人工成本、税务成本、财务成本、工程成本以及其他成本。运营成本管理单元划分为预算计划管理、财务管理和税务管理等三个子单元。

6）运营绩效管理单元

运营绩效是指路产养护、路产管理、路产经营等业务管理工作的结果及产生的影响。绩效指标主要体现为质量、安全、成本和效率。因此，运营绩效管理是为实现运营质量、安全、进度、成本等目标，在内部和外部两个层面开展多维度、多因素的工作评价、激励和提高的过程。运营绩效管理单元划分为内部绩效管理和外部绩效管理两个子单元。其中，内部绩效管理包括经营者对企业员工和业务部门的考核评价，并以此作为主要依据实施员工绩效薪酬激励及职位提升。一般情况下，企业对员工考核为每季度考核一次，企业对部门考核为每年度考核一次。外部绩效管理一般包括政府主管部门所组织的公路基本业务质量检查评价和经营企业上级主管单位多维度综合效能检查评价。其中，政府交通主管部门检查分为五年一次的公路养护质量国家级检查和两年一次的公路养护质量省级检查；上级主管单位检查为每年一次的经营绩效综合评比和运营服务质量综合评比。

4.3.2　模块化管理

（1）模块化管理的认知

随着信息技术和先进制造技术的发展，模块化的方法和理念被引入到企业的生产和管理中，成为推动产业结构调整和产业结构升级的革命性力量。模块化战略从本质上改变了现有的产业组织结构，重塑了社会经济的微观基础。

模块化管理是按照公路行业内外条件及经营发展战略，根据现代化企业的运行规律出要素的动态管理及优化配置转变为组合式管理，进而实现公路管理的系统化、专业化和精细化，并实现公路管理的社会效益、经济效益及合同约定的目标。模块化管理方法在公路运营管理中的应用已较为成熟，如图4-3-2所示，公路运营企业通过模块功能定义、功能整理、功能分析、分解、确定及细化等流程，进行管理模块的划分及模块管理队伍建设与组织。

（2）公路运营模块化管理的步骤

公路运营模块的功能分析和分解是公路运营模块化管理的核心环节。为了精确定义各个模块的功能，可采用专家意见法或头脑风暴法，充分利用公司一级专家、一级项目经理等精英人才资源的优势，采用会议的形式，邀请参会专家根据各自的专业特长，对公路运营各个模块的标准功能进行研讨，并提出合理化建议。通过综合考虑所有专家意见，精确定位每个模块的功能和意义。完成标准模块定义后，采用同样的方式，对每个模块的具体功能进一步分解细化，形成次级标准子模块，每个次级子模块对应一份具体的管理任务清单。公司人力资源管理部门根据每个具体的次级标准子模块，开展针对性的专项培训工作。

（3）公路运营模块化管理的意义

模块化管理方法的应用使得公路运营管理过程向精益化方向发展。精益化改造意味着生产组织与流程的不断调整和优化，相应的生产信息管理也会变得非常

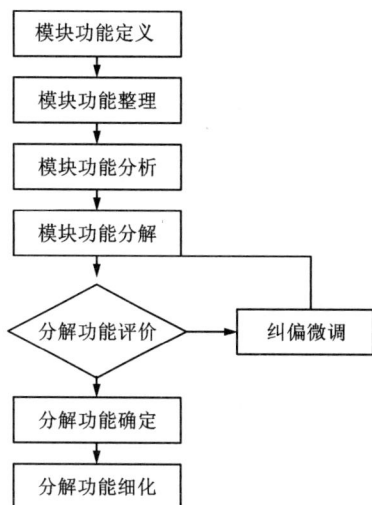

图 4-3-2　公路运营企业模块化功能定位分析流程图

复杂，应变成本相继上升。模块化管理与数字化方法的结合使公路运营企业可以在精益生产、消除浪费的同时尽量降低管理成本，真正实现高质量、低成本生产和管理。

4.3.3　"以点带面"管理

（1）"以点带面"管理的认知

"以点带面"强调最大程度发挥"点"的主观能动性和影响力，并带动其他同位面的"点"凝聚成线，最后形成完整的"面"，以达成经营目标。以点带面体现的是"重点管理、全面保障"的管理思维。

公路管理的目的是发挥公路功能的同时实现经营目标，从公路本体价值角度来看，公路管理的目的体现为公路产生的社会效益和经济效益，这是公路管理的出发点和基本面。

"以点带面"的"点"，一方面指"人"，即员工，是公路管理的主体，另一方面指"物"，即重点工作，是公路管理的对象。"员工"强调精神文化，强调员工精神文化塑造的重要作用，以及每个员工常态化高质量完成本职工作对全局的决定性作用；"重点工作"强调制度文化和物质文化，以及重点工作管理方法对提升工作质量和管理水平的带动作用。

(2)"以点带面"管理的实现途径

在公路管理中，运营管理涉及的主体相对来说较少，且运营主体通常为运营企业，这类企业有相对固定且数量较多的员工、鲜明的企业文化和具体的目标和战略。因此，"以点带面"管理方法在公路运营企业有更深入的应用。

1)坚持四个方面重点带动

一是制度建设带面。通过运营体系标准化内容、运营企业治理核心制度（即"管理细则"）的编写和执行来带动全面管理，规范包括路产经营规划与管理、路产养护规划与管理、路政业务管理、合同业务管理、收费业务管理、运营绩效管理、安全管理预算计划管理在内的业务内容的执行标准。

二是规划执行带面。无论在哪个行业，保障和提升主营业务收入都是企业生存和发展的第一战略，合理规划各项成本支出和降低费用支出是企业生存和发展战略的基本保障。运营期路产养护规划和财务盈利能力提升规划两个核心规划的编制，有助于量化企业业务管理的具体内容，明晰问题和风险，实现精准管理。

三是重点工作带面。通过全国及省级公路养护质量检查、运营服务质量检查、重点专项工程计划等带动收费养护、路政业务等外业工作质量的提升和内业工作的规范；通过对法律诉讼、交通安全、经济审计、工程补强等案件按照"一事一档"和"五不放过"原则进行研究、反思，提升各类风险预防、管控和处置的能力。

四是创新研究带面。通过开展技术研究和管理创新解决运营实践中碰到的问题和困难，从整体上提升企业的运营效能。培育企业创新文化，使其自然融于企业每个员工的意识和行为之中，对培育企业员工精神、提升员工素质、促进企业发展起到至关重要的作用。

2)坚持自觉执行和有效控制相结合

在公路运营企业中，每一个员工可以视为一个"点"，每个班组可以视为"线"整个企业可以视为"面"。只有点的目标完成才能保证线的目标完成，只有点和线的目标完成才能保证面的目标完成，只有每个点、每条线、每个面的目标都完成才能保证全面目标的完成。根据单元化原理，每个"点目标"也可以称为单元目标，单元目标的实现将促成公司目标的实现和企业整体战略的实现。因此，培养每一个单元目标的能力和责任意识，并使其根植于每个人心中，如同吃饭、睡觉一样成为常态的自觉行为，是常态化高质量完成目标的根基。在单元目标实现过程中员工自觉性的主观能动过程称为自觉执行。自觉执行是一套通过主动提出问题、分析问题、采取行动、解决问题的行为方式来实现目标的系统流程。执行是指按照制度、标准、细则实施具体事件或决策事项，执行力有赖于实施者具备良好的职业能力，即深入分析问题和解决问题的专业能力以及协调关联业务的责任心。因此，每个管理主体在执行中必须自觉地对结果进行预判并主动按流程采取措施。

有效控制是指通过事前预防、过程追踪、事后考核，及时发现和纠正项目执行过程中的错误与偏差，以确保计划落实和预期目标的实现。控制是指管理主体对计划落实和计划执行全过程进行监督，控制能够确保项目按照规划的时间进度表有效推进。通过持续地监督和跟进，计划和实际行动之间的差距会逐渐暴露出来，管理者必须采取有效的行动来协调和纠偏，以完成阶段目标和整体目标。管理者采取一系列控制措施来保证执行单元贯彻执行组织制定的制度和操作规程，是组织各项目标顺利实现的必要手段。

自觉执行和有效控制的有机结合促使管理主体自觉地定期修订运营期经营规划、运营期养护规划、路产养护维修手册、企业治理核心制度等文件，并有效落实各项规划和制度。

3）坚持主动预防和化解风险相结合

路产经营管理和运营绩效管理是公路运营管理的重点工作。主动预防和排除风险相结合的管理思维在重点工作中的应用，可以带动其在各类管理工作中的全面应用，提升各类风险预防、管控和处置的能力。

主动预防是指采取预见性手段消除影响目标实现的不利因子，主要体现为主动在公路运营管理实践中应用好路产管养一体化方法，贯彻执行"优美、安全、文明、快捷、舒适"的"五星服务"路产经营管理和"有计划、有组织、有执行、有管控、有效益"的"五有行为"运营绩效管理，对重点工作按照"五有行为"和"查原因、立整改、追责任、受教育、促提升"的"五不放过"原则建立起"一事一档"管理机制。

风险排除是指以问题导向思维强化风险预防，落实好信息数据的有效利用和管理性共享，排除并解决好业务管理过程中可能影响常态化目标实现的风险。风险排除主要体现在通过物质文化和精神文化的建设，强化绩效考核和责任追究制度，做好员工工作作风问题的预防预控；通过提高运营管理服务质量和加强主动服务、精准营销和敏感点交通流维护，做好经营收入风险点的预防预控；通过对道路关键结构、风险区域等进行重点监控，细化并落实好安全隐患的整理汇总、告知、督办和备案的程序管理，做好运营安全风险的预防预控；通过一站式养护，重点把控梁桥、隧道、防护等主体结构工程及路面预防性工作，做好路产养护风险点的预防预控。通过主动预防和排除重点工作中存在的风险，提升企业各类风险的防控能力，由点到面，逐步带动形成全面风险防控的能力。

4.3.4　"建管养用"一体化管理

"建管养用"一体化管养模式按照建、养、管、用一体的管理思路，围绕养护质量和安全责任终身制目标，在管理单位的统筹下，由养护主体单位牵头、协调相关专业生产单位形成养护资源共享联合体。针对建造、运营、养护和使用各自为政的情况，统筹建造、运营、养护和使用各个阶段的数据，实现建管养用全过程的统筹协调管理。在公路运营阶段，实现养护检查、评估评定、设计咨询、养护作业、监理监督、检测验收等业务过程的统筹协作和资源共享，如图4-3-3所示。

"建管养用"一体化管养模式综合考虑多项影响因素，整合资源统一管理，其目的是减少或消除管理中的接口和界面，节约管养资源，提高管理效能。具体体现为"建设运营一体化""施工养护一体化""工程技术和管理信息技术一体化"和"养护资源一体化"4个一体化。

(1)建设运营一体化

建设运营一体化指公路建设和运营管理责任主体一体化，确保公路整体规划与实施过程中管理模式、管理方法等关键环节的管理决策和制度的连续，对项目全寿命周期管理具有重要意义。在数字化时代，建设运营一体化还要求通过数字化管理平台将公路建设期产生的大量数据整合运用到公路运营期的管控中，这样才能打通建设期和运营期之间的"数据壁垒"，利用公路建设阶段数据产生的有价值的信息指导运营期的决策，使大数据真正体现出价值。

(2)施工养护一体化

施工养护一体化指公路施工和养护作业或维修实施主体一体，按照质量终身制要求，从全寿命周期角度，在公路建设施工招标阶段，将公路日后养护和维修作业工作一并招标，将工程质量控制转化为施工主体自觉的自我管理。要实现数字化养护，施工阶段的三维模型等数据是数字化养护系统的重要基础数据。施工作业和养护作业由不同的主体实施会导致模型数据的传递出现很多问题，为了解决这些问题，养护作业实施主体需要重新建模，这就产生了大量重复的工作，从而降低了效率。如果施工和养护作业的主体一致，数据保密和利益分配冲突等问题将不复存在，三维模型数据可以顺利地从施工阶段沿用到运营阶段，实施主体对于数字化管理平台的建立也可以尽早构思、调整和优化，从而提高效率，使沟通壁垒和数据壁垒问题也得以解决。

（3）养护资源一体化

养护资源一体化的养护资源包括养护管理和养护作业的一切要素，通过养护管理单位的提前规划和主动协调，将属于养护工作的设计、检测、评估、施工等资源进行集成统筹并实现共享，以发挥资源的最大效益，达到降低成本、保障质量和安全的目的。如图 4-3-3 所示，在公路运营阶段，养护管理要实现养护检查、评估评定、设计咨询、养护作业、监理监督、检测验收等业务过程的统筹协作和资源共享。

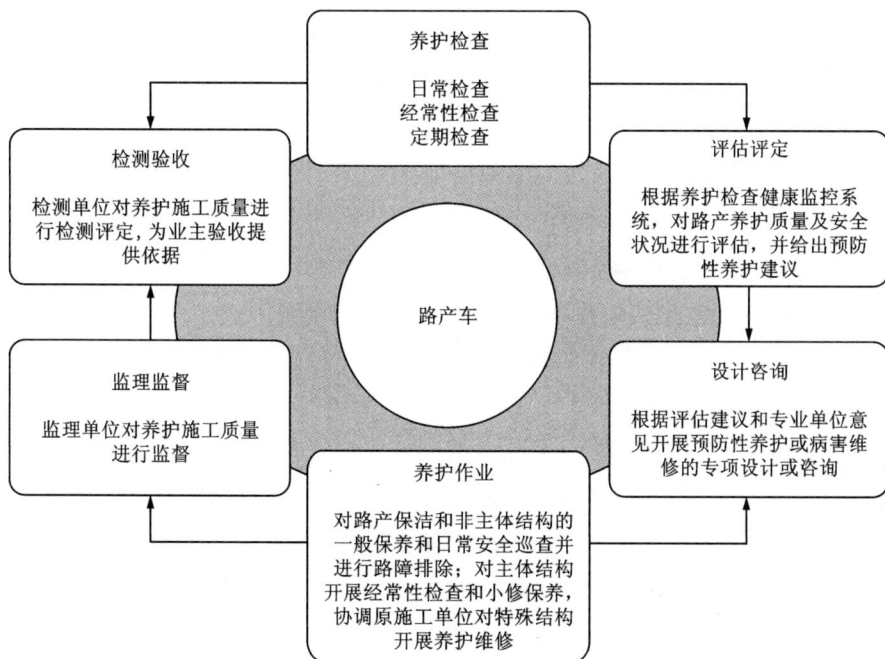

图 4-3-3　养护资源一体化

（4）信息数据一体化

信息数据一体化是指公路从规划、建设到运营养护全过程的工程技术信息、管理信息的集成和数据化，并利用信息管理系统实现路产结构物及运营安全的有效预防和治理。信息数据一体化以建设运营、施工养护、养护资源一体化为基础，如果建设运营、施工养护割裂开来，养护资源就无法进行统筹和共享，那么信息数据的一体化也将难以实现。同时，信息数据一体化也是实现数字化的基础，如果信息数据无法整合，那么大数据的价值将难以被真正挖掘，有价值的信息也无从获取。

4.3.5　集团化管理

4.3.5.1 公路运营集团化管理的提出

随着公路路网规模的不断扩大、区域性和全国性联网管理的推行，多元投资主体形成的分散管理模式越来越不适应公路网络化发展的需要。为降低运营成本、提高业务管理质量和效率，建立适合公路网络特点和运行规律的"大数据+集团化"管理模式成为公路管理发展的必然趋势。"集团化管理"是基于预防性管理理论与大数据技术的概念提出的，是大数据技术在互联网应用的基础上，站在战略的角度将多种目标和因素进行通盘考虑，以实现科学、规范、高效的系统化管理，其目的是让公路管理实现"高效率、高质量、低成本"。

具体而言，公路运营集团化管理方法，就是利用先进的信息技术手段，将各岗位、各部门所掌握的数据信息，如路产信息、物料信息、管理信息、技术信息等运营管理信息汇集到云端存储，利用大数据技术对资料进行汇编整理，并加载到相应的数据库中进行分析、管理，辅之以统一调配和权限管理，实现运营管理信息数据化、规模化、专业化、精准化的"四化"管理目标，并让运营管理架构中每个管理单元都可以集中精力做它们最擅长的专业工作，在优化整个企业的资源配置和各种管理资源共享过程中提升总体管理效能。

公路运营集团化管理的目标是落实权责一致、多规合一、信息共享，实现公路经营的统贷、统建、统还，达到降税负、降成本和提高质量、提高效能的目标。

管理运营集团化管理意义主要有如下三个方面：第一，节约人力资本，实现资源共享，提升资源利用效率；第二，降低企业内部交易成本，提升管理质量；第三，提高管理效率，实现管理系统化、专业化、规范化。

4.3.5.2 公路运营集团化管理的实现条件

(1)集团化管理的基础条件是具有共同管理主体。非收费公路以行政区划分公路管理机构作为管理主体,收费公路按照经营权(可委托、合并)来确定共同运营管理主体,一般为各省或地级市交通(投资)集团。

(2)市场化、专业化管理模式是实施集团化管理的必要条件。非收费公路通过强制改革将公共养护作业由原来的事业化的道班管理模式过渡到企业化的养护市场模式,从而为养护管理集团化创造了规模化、专业化条件,而收费公路通过内部资产(路段)合并,在系统内统一将业务管理或通过经营权转让及委托运营管理等过渡到养护收费等专业化管理模式,为集团化管理创造了条件。

(3)公路运营集团化管理实现的技术支撑是管理信息数据的开发利用技术,涉及前述的数据字典技术、信息单元化技术、集成分析技术等。

4.3.5.3 公路运营集团化管理途径

公路运营集团化管理的具体方式为撤并集团内部子公司,并将专业管理重组、理顺组织架构,从而去除内部重复无效的机构或部门,解决客服大而不专、重而不稳的高耗低效和多种责任主体不到位的问题。公路运营集团化管理途径包括路产养护集团化、路产经营集团化和路产管理集团化。

(1)路产养护集团化

路产养护集团化管理,是指各地交通主管部门或交通投资控股(集团)公司通过撤销或合并多级重叠的养护管理机构,组建区域路产养护中心,统筹公路的养护管理工作,实现养护专业化;同时,利用大数据分析开展预防性养护规划和养护组织,对关键部位、重要结构、重点区域的安全隐患进行系统排查和精准治理,如图4-3-4所示。

路产养护集团化管理通过集团公司撤并原有子公司,组建路产养护中心或养护专业工作组,由集团公司直接领导,实现养护专业化。经撤并的每个投资主体项目的路产养护信息作为一个单元,共同构成集团养护管理基础,对集团内的养护业务工作实行统一的管理,而每个单元养护预防管理工作和成本核算工作独立,同时按比例分摊总体管理成本。

在组织方面,路产养护中心要负责构建路产养护组织框架,界定养护总承包单元的边界、内容、标准、费用和责任。在技术方面,路产养护中心要负责制订

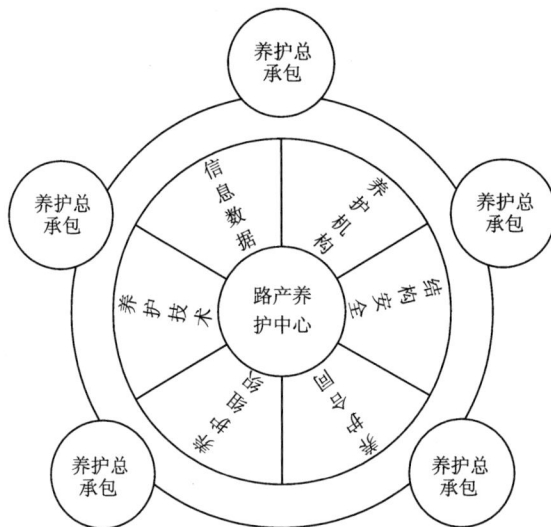

图4-3-4　路产养护集团化模型

养护技术标准，确定养护工程方案，同时要对建设期重要结构物的建设标准及养护设施建设提出建议。在合同管理方面，路产养护中心要负责对养护工作及相关承包合同执行的管控。在安全管理方面，路产养护中心要负责利用大数据分析开展预防性养护规划、组织，对关键部位、关键结构、重要区域、重点危险源的安全隐患进行系统的排查和精准治理。路产养护中心构建要做到统一管理模式、统一技术标准、统一养护规划、统一预算计划、统一组织实施、统一检测验收以及统一后期评价。

公路属于线状工程，地理跨度大，路况多有不同，因此，养护问题及养护方式各不一样。此外，各运营管理公司对养护技术的探索与创新能力不一，养护效率不一致，而养护工作和公路安全与通行能力有极大关联，养护问题既具时效性又具长远性。养护集团化管理有利于解决养护的专业性问题，同时，利用养护大数据分析和管理手段使各种养护问题都可以获得及时有效的处理。集团化的路产养护作业可以采用经营单位自行养护和外部养护两种形式，外部养护可采用养护设计和养护作业"一站式"养护总承包模式执行。

(2)路产经营集团化

路产经营集团化是指公路运营管理主体在其管辖区域内合并原有经营子公司的收费、租赁等经营业务并重新规划收费站站点布设,利用大数据分析开展交通规划和交通组织,对重点路段、交通敏点、特殊结构物提出交通疏导方案和运营安全条件防范方案,通过信息集成实现运营业务执行的全面管理、监督和反馈,如图4-3-5所示。

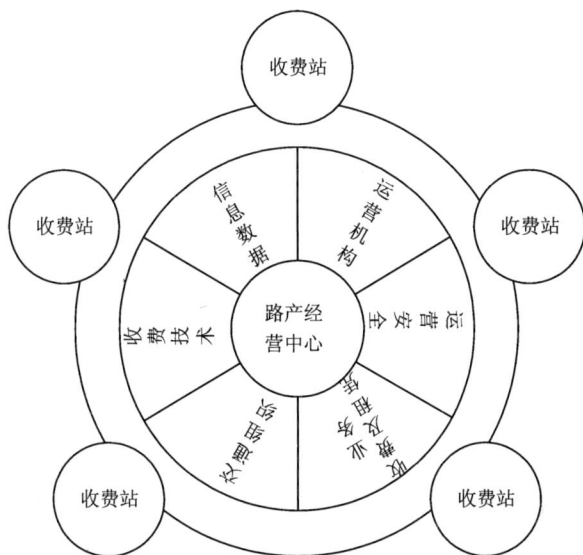

图4-3-5　路产经营集团化模型

众所周知,收费业务是公路运营企业的主要收入来源,但租赁在路产经营中也非常重要。根据银监会《融资租赁公司管理办法》,融资租赁是指出租人根据承租人对租赁物和供货人的选择或认可,将其从供货人处取得的租赁物按合同约定出租给承租人占有、使用,向承租人收取租金的交易活动。高速公路租赁更多的是采用售后回租的模式,即承租人将自有物件出售给出租人,同时与出租人签订融资租赁合同,再将该物件从出租人处租回的融资租赁模式。公路行业是弱周期行业,其投资规模大、投资回收期长、现金流稳定。公路建设资金大部分来自银行贷款,银行贷款的期限给公路运营企业带来了巨大的压力。公路运营企业如果采用售后回租的方式,将公路出售给租赁公司,用出售公路所得偿还银行贷款,再用通行费偿还租金,即可妥善解决还贷压力的问题,同时还能降低企业的资产负债率。

在路产经营集团化管理中，每个投资主体以项目经营管理信息为单元构成集团经营管理集，从而对集团内所有收费业务实行统一管理，每个单元经营管理的成本则按比例分摊。收费业务一般由经营单位自行组织实施，具体业务工作以收费站为单位，收费站主要工作包括收费服务、收费安全、现场稽查、站容站貌、票务等方面的管理。

在组织方面，路产经营中心要负责构建路产经营组织的框架，界定收费单元(站)的业务边界、内容、标准、责任。在技术方面，路产经营中心要负责制订收费技术标准和服务标准，对运营收费业务开展管控，并对建设期收费系统建设的系统条件和技术标准提出决策性的建议。在安全管理方面，路产经营中心要负责利用大数据分析开展交通规划、交通组织，对重点路段、交通敏感点、特殊结构物提出交通疏导方案和运营安全条件防范方案。路产经营中心构建要做到统一交通组织、统一收费组织、统一收费许可(论证)、统一技术(设施)标准、统一服务标准(水平)、统一数据分析以及统一收入核算。

(3)路产管理集团化

路产管理集团化是指在一定区域内组建路产管理中心(或路政支队)统筹公路的路产管理及路权维护工作，集中办理公路养护等业务所需的路政许可审批，对各类作业现场秩序进行监督，对各类侵害公路用地、破坏公路和设施的行为进行追查及索赔，并配合交通执法部门实施节假日及特殊事件的交通疏导，对危险品运输车辆、超载及超限运输车辆进行重点监控及跟踪管理，提高管理效率，提升应急保障能力，如图4-3-6所示。路产管理中心构建要做到统一队伍建设、统一管理要求、统一巡查制度、统一许可审批、统一交通疏导、统一赔付及补偿标准以及统一应急保障。

基于大数据信息技术提出的集团化管理，可以进一步拓展到公路投资、建设、管理和经营的集团化。集团化管理实现了管理资源的充分共享，它是未来公路管理发展的方向，是解决我国公路行业未来发展所面临的管理水平低及管理效能低、成本高等问题的有效途径。

4.4　全面化管理方法

公路作为城市基础设施，其涉及的专业和参与方众多，资产数据庞杂、寿命

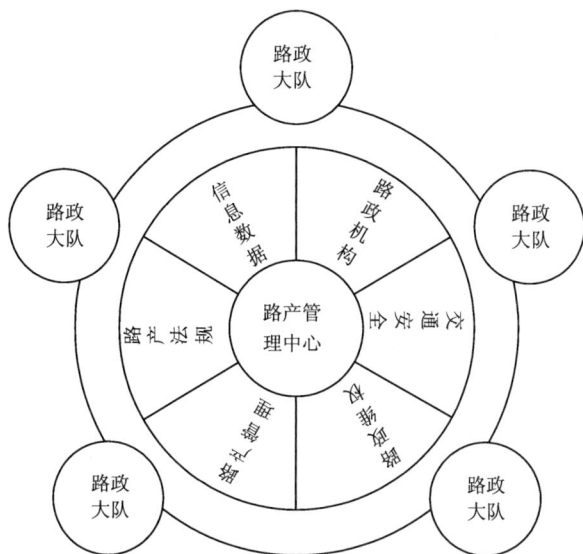

图 4-3-6　路产管理集团化模型

期长、管理要素复杂，各专业之间彼此联系，各参与方的利益密不可分，资产数据贯穿于公路全生命周期，公路项目的每个阶段都涉及众多的管理要素。针对公路的以上特点，提出全资产、全寿命、全要素、全关联的四个全面化管理方法，以实现对公路庞大资产、众多参与主体和复杂管理要素的全面动态关联管理。

4.4.1　全资产管理

（1）全资产管理的内涵

《企业会计准则》对资产的定义为："资产是企业拥有或者控制的能以货币计量的经济资源，包括各种财产、债权和其他权利。资产是指过去交易事项形成并由企业拥有或者控制的资源，该资源预期会给企业带来经济效益"。资产包括货币资金、交易性金融资产等流动资产和固定资产、在建工程、工程物质等非流动资产。公路运营企业的工程资产主要包括在公路建设过程中所形成的不动产、动产、无形资产、固定资产以及公路项目运营所带来的增值价值。

不同行业的企业对于资产管理有不同的侧重点，公路资产的管理主体为公路运营企业，对于公路运营企业来说，公路实体占了其总资产的大部分份额，且其营业收入主要来自公路桥梁的通行费。因此，公路运营企业资产管理的侧重点是固定资产等非流动资产和通行费收入所带来的货币资金及其他无形资产。美国国家高速公路和交通运输协会将资产管理定义为：在保证投资最优化的前提下，对物理资产进行维护、改善和运营的系统化过程，建立一个有序的、合理的、科学的决策方法。

全资产管理是指综合利用工程技术、金融学、财务管理、信息化手段、数字化技术等知识和工具从全生命周期对公路运营企业的货币资金等流动资产和固定资产、在建工程等非流动资产进行计划、控制和协调，以提高资产利用率。其中，固定资产主要包括道路主体结构物，如路基、路面、桥梁、隧道、涵洞等，以及道路附属结构交通工程附属设施和公路机电设施设备。相较于美国国家高速公路和交通运输协会对资产管理的定义，全资产管理除了强调公路运营企业对于固定资产的管理，还强调了对于货币资金等流动资产的管理。

（2）全资产管理的特点

以公路运营企业为例，全资产管理有以下特点：

1）精确性。公路运营企业的资产规模较大、资产种类繁多，全资产管理能够保证公司的资产数据翔实、可靠，能够为管理者决策提供精确的资产数据支撑。

2）综合性。全资产管理涉及的领域广，综合性较强，不仅要对固定资产进行管理，而且要对货币资金、交易性金融资产等流动资产进行管理。对固定资产的管理涉及道路维修、养护等工程专业领域，而对货币资金等流动资产的管理涉及金融、财务领域的专业知识。

3）动态性。对于公路运营企业来说，固定资产在总资产中占比很大，因此固定资产是全资产管理的重点。固定资产随着采购、使用、维修、保养、报废各阶段不断更新、维养与折旧。因此全资产管理方法和重点在推进过程中也要随管理对象的变化而变化。

（3）全资产管理方法的运用

全资产管理是针对企业各类资产进行全面管理，具体包括战略规划、成本管理、风险管理、资产数据管理和资产状态管理五个方面。

1）战略规划

每个行业中的优秀企业一定会有长期战略规划和明确的发展目标，公路运营企业也同样如此。根据公路运营企业的长期战略规划和未来发展目标建立资产需求战略规划，制订资产管理计划，建立全资产管理系统，确定资产管理流程和管理系统功能，以更好地支持企业的长期战略发展目标。根据功能需求分析和系统设计的总目标，全资产管理系统可以由资产基本信息单元、资产申购、资产智造、资产运营、资产维养管理、资产报废等部分组成，从而有效地对公路项目各阶段的资产进行动态监测与管理。利用全资产管理系统可以提高资产利用率，实现道路资产的统计查询功能、道路基础设施的维护提示、道路健康程度的判定、道路病害的智能诊断、养护费用的预估等功能，实现资产的高效、实时可控和可追溯管理。

2）成本管理

成本管理是通过对在建和拟建公路的预算进行计划和控制，从全生命周期的角度来确定建设成本，在提高公路质量和延长使用寿命的前提下控制建设成本，以达到全寿命周期成本最低。对于已经投入运营的公路的维修、养护进行计划和协调，关注公路的维修养护周期，通过预防性养护可以降低中修、大修频率，从而减少维修成本和固定资产的减值损失，提高固定资产全生命周期的资产利用率。

3）风险管理

为了提高资产利用率，公路运营企业可以灵活运用货币资金进行投资，获取资金时间价值带来的额外收益。但是，在进行投资之前，要对投资风险进行评估，严格避免本金损失。

4）资产数据管理

公路运营企业可以建立资产数据库记录资产的各项信息。对于公路桥梁工程实体这类固定资产，要将其建设期的各项数据、养护数据、维修数据以及使用寿命等数据如实录入，以便进行数据挖掘工作，优化维养周期，降低运营成本。对于流动资产，要将其数量、使用途径、增值方式和收益等信息如实记录，以便更好地完善现金流管理，提高资产利用率。

5）资产状态管理

工程资产随着投入时间的增加，其性能和运行状态会影响自身价值。公路运营企业可以通过传感器等数字化监测技术密切关注工程资产的运行状态，力求做到多保养、少维修、免大修，以增加固定资产的保值能力，延长固定资产的使用寿命。公路运营企业还可以将资产状态数据与资产维修养护数据以及维养成本数据关联起来，利用数据挖掘技术探究维养周期与性能状态和维养成本之间的关系，分析养护频率与大修周期和运营成本之间的关系，以增加企业效益。

公路资产数据规模庞大、类型繁杂，对其进行全面化管理执行起来有一定的难度。如果没有现代的信息化、数字化技术作为支撑，全资产管理产生的价值有限，而且可能会降低管理效率。因此，公路运营企业的全资产管理须通过数字化技术对其庞杂的数据进行整合，实现资产数据的标准化、规范化管理，利用大数据技术充分挖掘其中蕴含的价值信息，以提高公路管理的科学决策能力。

4.4.2　全寿命管理

（1）全寿命管理的内涵

全寿命管理的概念源于产品生命周期管理（product lifecycle management，PLM）。产品生命周期管理是指对包括产品需求、规划、设计、生产、经销、使用与养护维修乃至最终回收与再利用在内的整个生命周期中的活动进行管理。在20世纪60年代，全寿命周期管理开始出现在美国军界，主要用于军队航母、激光制导导弹、先进战斗机等高科技武器的管理上。20世纪70年代开始，全寿命周期管理理念被各国广泛应用于交通运输系统、航天科技、国防建设、能源工程等领域。

公路全寿命管理，是指从长期效益出发对公路项目从项目前期决策、设计、施工、运营，直至项目拆除各个环节进行策划、协调和控制，在确保公路质量合格的前提下实现公路在全寿命周期内效益费用的整体最优。公路全寿命周期一般包括前期决策阶段、设计阶段、施工阶段和运营阶段。在前期决策阶段、设计阶段和施工阶段，公路运营企业一般以业主的身份参与管理，在运营阶段，公路运营企业是管理主体。

全寿命管理具有宏观预测与全面控制两大特征，它考虑了从规划设计到报废的整个寿命周期，避免短期成本行为，打破了阶段界限。全寿命管理将规划、建设、运营等不同阶段的成本统筹考虑，以企业长期效益为出发点寻求最佳方案。全寿命管理将所有可能发生的费用考虑在内，在全寿命期的费用和效益之间寻求平衡，找出全寿命周期效益费用比最高的方案。

（2）全寿命管理的特点

1）系统性。全寿命管理是一个系统工程，涉及项目从决策到拆除的整个过程，对进度、质量和成本的控制都要从整体出发来考虑。

2）连续性。公路的全寿命周期虽然可以划分为前期决策、设计、施工、运营等多个阶段，但是每个阶段之间没有明显的时间间隔，而是环环相扣、持续不间断的。

3)多主体。项目的全寿命周期中会有建设方、施工方、监理方、运营方等多个关键主体参与,他们之间相互联系、相互制约。

(3)全寿命管理方法在不同项目阶段的运用

全寿命管理方法在不同的阶段有不同的作用,在前期决策阶段,全寿命管理主要是确保项目前期决策和可行性研究的可靠度;在实施阶段,其作用体现在设计和施工的协调性和可持续性;在运营阶段,其作用体现为效益最大化。因此,在不同的公路管理阶段,全寿命管理方法的运用手段也不一样。

1)前期决策和可行性研究阶段

保证项目前期决策和可行性研究可靠是全寿命管理的关键任务。要以科学决策为原则,分析项目在技术、经济方面的可行性,全面论证项目的技术经济效果,保证投资的合理性和可行性,防止错误决策。

在项目前期决策阶段,企业要本着尊重科学、实事求是的态度,在决策论证规划阶段投入足够的时间、金钱和精力,不过多干预公路专业领域的工作,让技术、财务、项目管理、工程经济等方面的专家通力合作、独立开展客观的科学研究。对与项目有关的主要问题,要进行认真细致的多方案比选,从技术、经济、物资设备、社会、环境等方面对不同的方案进行全面的计算、对比分析和研究,选出最佳方案,通过对推荐方案进行环境评价、财务评价、国民经济评价及风险分析,判别项目的环境可行性、经济合理性和抗风险能力。

从全寿命周期的视角进行公路项目决策,要科学选取有代表性的指标体系来衡量公路全寿命周期的质量、安全、成本和环保状态,尽量使指标定量化,即使采用定性指标也应当相对统一,具有可比性。

2)实施阶段

实施阶段包括设计和施工两个阶段。在实施阶段,要用全寿命周期的理念指导设计和施工,充分协调设计和施工过程,以减少不必要的设计变更。以全寿命周期理念进行公路设计,不仅仅要考虑公路建设的初始功能和费用,更重要的是公路全寿命周期内的总成本。在统筹考虑结构、材料、荷载、经济、环境、人文的基础上,以寿命周期内的总成本最低为指标,达到既满足质量可靠、安全、经济的要求,又关注公路的舒适、美观、协调和可持续发展。用全寿命管理理念指导公路设计,就是要综合考虑项目全寿命周期内各种修建、养护、改建方案的组合,以质量、安全为核心,以全寿命周期成本最优为经济目标,保证公路在全寿命周期内具有良好的使用功能、可控的成本和可预见的稳定服务能力。

3）运营阶段

全寿命管理方法在运营阶段主要体现在预防性养护上，其主要作用是减少运营成本，延长固定资产的使用寿命。预防性养护是指在路面结构完好，路表没有或很少有破损的情况下采取的养护措施，其核心思想是要求采用最佳成本效益的养护措施，强调养护管理的主动性、计划性、合理性。预防性养护的关键技术是根据路况、交通量、养护目标、资金情况和其他综合因素来选择合适的预防性养护时机及合理的预防性养护技术。与传统方式相比，它可以在道路出现大病害之前进行及早防护，避免更大规模的道路损坏，延长道路大修时限，减少全寿命周期养护总成本。据有关研究测算，整个路面寿命周期内进行 3~4 次的预防性养护可延长使用寿命 10~15 年，节约养护费用 45%~50%。

4.4.3　全要素管理

（1）全要素管理的内涵

随着经济发展和技术进步，建设工程行业出现了越来越多的"巨项目"，项目的投资规模、社会影响力越来越大，涉及政治、经济、技术、社会和环境保护等众多要素。项目越大，其涉及的要素越复杂，各要素之间联系紧密，传统的管理方法已难以解决要素间复杂的交互关系问题。因此，全要素管理方法应运而生。所谓全要素管理，就是从项目全寿命周期的角度对项目涉及的政治、经济、技术、社会、安全和环境保护等众多要素进行计划、组织、控制和协调。从项目决策开始，就将在公路项目建设和运营过程中可能产生的政治影响、经济影响、社会影响以及可能出现的安全、环保问题进行通盘考虑，指导方案设计和方案比选。

（2）全要素管理的特点

1）协调难度大。全要素管理强调的是在项目推进过程中重视政治、经济等大环境与项目之间的相互影响，其中涉及与社会大众、政府有关部门等众多社会主体的沟通，协调难度大。

2）站位高。全要素管理要求管理者要有长远的目光和敏锐的直觉，从国家和社会的角度出发，考虑项目推进可能对政治、经济和环境产生的影响。

（3）全要素管理方法的运用

全要素管理主要包括对政治、经济、技术和社会要素进行管理，这些要素有不同的特点。因此，针对不同的管理要素要使用不同的管理手段。

1）政治要素管理

政治要素主要包括两个方面的内容，一是政治影响，二是政治风险。所谓政治影响，就是要从宏观层面考虑公路项目建成对国家的整体战略布局和国家国际形象的积极影响，以及公路项目失败可能对国家造成的消极影响。如果项目的政治影响力很大，在进行方案比选的时候就要保守一点，选择实施风险较小的方案，降低项目出现问题的概率，避免国家形象受到负面影响。政治风险主要是指国外基础设施投资项目在投资决策阶段要考虑目标市场所属国家的政权是否稳定、政策是否有不利变化以及是否有发生战争和内乱的风险，从而审慎做出投资决定。

2）经济要素管理

经济要素管理主要包括成本管理和财务风险管理。成本管理贯穿于整个项目的管理周期，从项目前期决策阶段到项目拆除，成本管理始终是公路运营企业全要素管理的重点之一。公路运营企业不能等待在项目交付后再接手进行管理，要提前介入公路项目的管理，注意从全寿命周期的角度考虑成本，而不能只要求建设成本最低。适当增加建设成本能够降低运营期的维修养护费用和管理费用，提高公路质量和舒适度，实现全寿命周期效益费用比最大。

财务风险主要包括信用风险、完工风险、金融风险和市场风险等。信用风险主要指项目有关参与方无法履约而出现的风险，如果业主选择的融资机构和承建方有一定的规模，出现信用风险的概率相对较低。完工风险是指项目无法完工、延期完成或完工后无法达到预期运行标准而带来的风险，这可能会导致利息支出的增加、贷款偿还期限的延长和市场机会的错过。金融风险指的是利率和汇率的变动导致项目投入增加。对于国内投资项目来说，汇率波动不会导致投资风险，但是对于国外投资项目，投资方必须重视汇率波动可能带来的影响。市场风险是指在一定的成本水平下能否按计划维持产品的竞争力。对于公路运营企业来说，平行通道的存在是不利的，市场需求量降低，可能需要降低通行费，从而带来财务风险。

3）技术要素管理

技术要素管理主要包括质量控制和安全管理。在进行技术方案比选的时候，尽量选择技术成熟、失败风险低的方案。技术成熟、风险低的技术方案能够有效减少质量问题和安全问题的发生概率。如果必须选择技术风险大、实施经验不足的方案，则要提前进行实验并做好安全预案，避免出现安全事故。建设期的质量控制与运营期的安全息息相关，如果建设期的质量控制做得不好，运营期就会出现安全事故,造成难以承受的损失。当然,不仅在建设期要加强质量控制,在运营期也要重视质量管理。建设期要强化对材料、设备和施工工序的控制,运营期尽量提高保养的频率,从而减少中、大修的次数。

4)社会要素管理

社会要素管理强调的是公路管理要承担社会责任,即公路建设主体不仅要考虑企业效益,还要承担对员工、所在地民众的安全及环境保护等方面的责任。公路施工可能会造成噪声污染、扬尘污染和水污染等问题,这些问题会影响到项目所在地民众的安全,并对当地的自然环境造成破坏。公路运营企业有义务监督承包商尽量减少施工作业对人民生活和生态环境的不利影响。

4.4.4 全关联管理

(1)全关联管理的内涵

大型交通基础设施建设项目管理复杂,存在很多问题。首先,由于建设周期长、参与方众多,信息传递往往不能做到及时、准确,项目推进的效率也会受到影响。其次,项目的全寿命周期往往被划分成决策、设计、施工、运营等不同的阶段,每个阶段的参与主体不同,不同阶段的管理主体只依据自己的工作内容开展工作,不会考虑自己的工作可能对下一阶段工作产生的影响,例如,设计方在设计阶段不会根据施工条件考虑设计是否合理可行。项目各阶段联系不紧密会导致管理效率降低。此外,项目各参与方目标不一致,在项目推进的各个阶段,各参与主体都会尽可能使自身利益最大化,而不会考虑项目总体目标的实现。针对公路管理中出现的这些问题,全关联管理方法应运而生。

所谓全关联管理,是指将项目参与方和项目开展阶段紧密联系在一起,以项目总体利益最大化为目标推进项目,实现你中有我、我中有你,利益共享、风险共担。全关联管理的目的是加强各参与方之间的沟通交流和项目全生命周期各阶段间的联系,实现信息、组织、目标和过程的关联管理,最大限度地提高管理效率。

(2)全关联管理的特点

1)集成性。全关联管理的集成性体现在全寿命周期各阶段紧密联系,各参与方紧密团结在一起,项目的实施阶段和参与方之间不是割裂的,而是一个整体。

2)互利性。全关联管理的互利性体现在各参与方之间互利互惠,不是零和博弈,而是以实现项目利益最大化为共同目标,提高工作效率,实现共赢。

（3）全关联管理方法的运用

全关联管理方法的应用主要是从信息、组织、目标和过程四个方面进行关联管理，管理对象的特点不同，所使用的管理方法和手段也不同。

1）信息关联管理

信息关联管理在公路建设中发挥着不可替代的作用。信息传递速率和可靠度直接关系到工作效率和成本，信息传递效率和可靠度越高，工作效率就会越高，工作中出现的由于信息失真和传递不及时而导致的失误就越少，返工带来的时间成本和资金成本就越少。通过数字化管理平台实施全寿命周期项目信息的关联管理，能够实现项目信息和数据的共享，使得各方之间沟通更加高效，防止发生信息传递的遗漏和错误问题。此外，决策者还能够全面地了解最新的信息，降低决策错误的可能性。

2）组织关联管理

大型基础设施建设项目涉及多个建设阶段，每个阶段参与组织的数量、架构和职责都不同。在传统的组织管理模式中，组织中的每个参与者对组织架构不够清楚，也不能进行畅通的交流，只追求自己的利益最大化而不考虑项目的总体效益。项目组织关联管理是将所有参与者汇入一个数字化平台，通过对所有参与者统一管理，方便参与者沟通交流达到彼此了解和熟悉的目的，从而提升合作的效率和默契，弱化组织间的对立关系。用大组织、大团队的合作氛围让参与者成为亲密的合作伙伴，做到利益共享、风险共担，使项目利益最大化，真正实现多赢。

3）目标关联管理

建设项目目标包括项目质量目标、工期目标、成本目标和环保目标。每个目标之间相互联系，并相互制约，大型基础设施建设项目目标关联管理需要综合考虑各个目标，实现各目标之间的平衡。如在追求成本目标的同时，不得延期施工，或降低施工质量；在追求工期目标时，也不可以一味降低施工成本，避免项目实施过程中过度追求单一目标的情况出现，做到在满足质量目标的前提下尽量缩短工期、降低成本，实现整体目标的优化。

4）过程关联管理

公路全寿命周期包括公路项目决策、设计、施工和投入使用等阶段，对公路建设项目的各个过程进行有机结合，能够提高项目各个阶段的工作效率，例如，设计过程中最常见的问题是设计方不了解施工实际情况导致设计变更，延迟工期，如果施工方派人参与设计阶段，施工方可以通过了解施工现场和施工经验，为设计单位提出合理建议，提前进行沟通，以减少施工过程中的设计变更，减少不必要的工作量和工期延迟。

4.5　资产数字化管理方法

资产数字化管理方法是在预防性管理理论的基础上，以具有创新性、效率性特征的公路文化为内在驱动力，以现代化管理方法、现代科技手段为支撑所建立的能够在公路行业基于公路资产数据进行全面管理的科学管理方法。公路实体这类固定资产形成于建设阶段，资产管理涉及公路全寿命周期的各个阶段，但主要集中于运营阶段，管理主体主要是公路运营企业。对资产进行数字化管理是社会和科技发展对公路运营企业的要求，也是公路运营企业必须要解决的问题。资产数字化管理方法的应用以公路专业数字化管理平台为媒介，进行资产管理系统的研究开发，从而实现高效率、高质量的资产管理。

4.5.1　资产数字化管理方法的提出

4.5.1.1 资产数字化管理定义

在公路管理实践中，资产数字化是将与公路实体相关的生产要素、工程条件及外部资源等复杂的信息转化为可以被计算机识别和利用的数字和数据，并导入计算机内部进行统一处理的过程。资产数字化管理是根据资产价值规律、规范法规、标准及新技术、新方法与执行细则的内容和管理边界，利用互联网技术手段，建立企业全资产、公路全寿命、项目全信息、管理全要素的动态关联关系，在资产数字化的基础上对全部资产信息进行全方位、全关联的高效管理。基于资产数字化开发专业数字化管理平台能够实现对公路全要素的有效管控，同时有效提升监督、管理和服务效能，并为平台数据信息的"关联、可追溯、分析、共享、智联"五大功能的实现提供技术支撑。

4.5.1.2 资产数字化管理对象

（1）工程资产

公路运营企业资产数字化管理的对象是企业的全部资产。宏观意义上，资产的概念并不局限于股票、股权、债券、基金，所有能够产生增值效应的经济资源，如个人的数据、信用、社会关系、活跃度等都可以纳入工程资产的范围。公路运营企业的工程资产主要包括在公路建设过程中所形成的不动产、动产、无形资产以及公路项目运营所带来的增值价值。工程资产随着公路建设、运营各个阶段，会经历采购、使用、维修、保养、报废、交接等信息传递的过程，从而不断产生资产更新、资产维养与资产折旧。以传统的公路资产财务台账管理方式为例，公路资产分布较为分散、资产明细欠缺会导致管理层无法获得及时准确的决策依据，无法对公路资产进行动态跟踪和精细化管理。

（2）企业业务

公路运营企业通过经营业务来获取资产增值。从资产运作的角度，公路运营企业的业务类型主要包括基础型业务和外延型业务。基础型业务是指在公路项目建设运营全过程中的主营性业务，如工程建造、项目运营、建管维养等相关主营性业务。从资产管理的角度，基础型业务所形成的无形资产、固定资产会随着公路建设过程而不断更新、使用、养护、折旧与报废，从而造成这部分资产价值的变化。外延型业务是指在公路运营中为了资产的保值增值，企业独立自主经营的附加性业务，与公路运营业务独立并存，如企业文化宣贯、公路沿线土地租赁等。企业经营外延型业务本质上是为了实现长效经营与资产增值。

（3）资产与业务的关系

基础型业务和外延型业务共同保障公路运营企业实现资产价值的稳步提升。完成业务是获取资产增值的途径，资产数据的变动可以反映出业务经营是否得当，资产与业务息息相关，因此，在进行资产数字化管理的同时，要将业务考虑在内，将业务与资产关联起来。随着数字化手段的进步与数字技术的广泛运用，资产作为公路全过程管理中的主要管理目标之一，管理者必然需要对资产进行全过程、全信息、全关联的标准化管理。引入数字化手段的资产管理，本质上是对资产背后的信息、交易模式、权属关系进行动态跟踪，从而有效监测企业经营情况。资产管理的数字化能够有效形成"以点带面"效应，带动成本、安全、绩效、经营等其他管理目标的数字化。

（4）资产数字化模型（asset digitization model，ADM）

资产数字化模型是指依据公路尺寸等几何数据、位置等静态数据以及应力应变和交通流等动态数据在虚拟世界建立的涵盖几何数字化模型、静态数字化模型和动态数字化模型的综合模型。资产数字化模型是反映公路本身及其所属环境的一个虚拟实体（VE），静态和动态数字化模型包含公路等构筑物的各类数据（如位置数据、实时交通流量等），而几何数字化模型的主要作用是将公路等构筑物的物理实体在虚拟世界中展示出来，并在虚拟世界中成为各类静态和动态数据的载体。资产数字化模型是公路运营企业进行资产数字化管理的基础。

通过资产数字化模型，可以对公路资产数据进行统一的数据编码，整合为管理要素信息。然后运用信息间的关联耦合在资产数字化模型中形成信息单元，在不同的管控平台可以进行信息单元的应用并获取管理绩效的效果反馈，从而以专业数字化管理平台为载体，以资产数字化模型为依托形成资产数字化管理的循环管理过程。因此，资产数字化管理方法的实现最终还是要以专业数字化管理平台为载体。

4.5.2 资产数字化管理内涵

（1）资产库动态把控

以数据为核心的资产数字化管理，在前期通过科学的规划和设计建立起公路全资产数据库，并在管理过程中通过大数据技术进行资产数据的及时更新与动态修正，实现资产库的动态管控，保证资产数据信息的可追溯与动态可控。

（2）全面动态管理

资产数字化管理以一套有计划、有组织、有领导、有控制的科学的管理体系为指导，其运用全面化的管理方法，对参与管理信息的人、事、物全信息进行动态关联，形成集成化的监督、管理和服务，实现全信息的动态关联与耦合。同时，资产数字化管理也是全面化管理方法与互联网技术融合的体现，要求对全资产、全信息、全要素进行事前—事中—事后的全过程管理，从而真正达到以数字化为手段的全面化管理。

（3）全要素数字标准

资产数字化管理在 CPFI 管理方法的基础上，对其管理要素进行标准化和规范化处理。因此，资产数字化管理中形成了规范且标准的管理内容、格式、程序。管理方法与数字化技术的融合，使管理过程实现了标准化，并最终实现了资产数字化管理的全要素数字标准。

4.5.3 资产数字化管理的技术支撑

资产数字化管理以公路管理理论方法、专业技术和信息技术为支撑，能够通过大数据及时、准确地分析并解决公路管理实践中的相关管理难点和问题。资产

数字化管理的基础是信息数据的获取，信息数据的质量和完整性决定了资产数字
化管理的质量和效率。资产数字化管理通过数字化、字典化、常态化、创新化管
理，分为战略层和目标层，并通过单元化原理和"点线面"基本原理的有效运行，
实现公路管理的专业数字化，进而实现公路管理目标。

4.5.3.1 数据字典技术

数据字典是指对数据的数据项、数据结构、数据流、数据存储、处理逻辑等
进行定义和描述，其目的是对数据流程图中的各个元素做出详细的说明，使用数
据字典为简单的建模项目。数据字典是描述数据的信息集合，是对系统中使用的
所有数据元素的定义的集合。数据是事实或观察的结果，是对客观事物的逻辑归
纳，是用于表示客观事物的未经加工的原始素材。此外，数据是信息的表现形式
和载体，可以用符号、文字、数字、语音、图像、视频等进行表达。数据只有对实
体行为产生影响时才有意义。

按照预防性管理实现方法的数据化和字典化管理内涵，使管理的内容、程
序、格式按照相关规范标准的要求和计算机语言的编码格式要求，形成可供计算
机和管理系统识别的信息数据，生成可供利用的管理信息数据的技术，称为数据
字典技术。数据字典形成过程如图 4-5-1 所示。

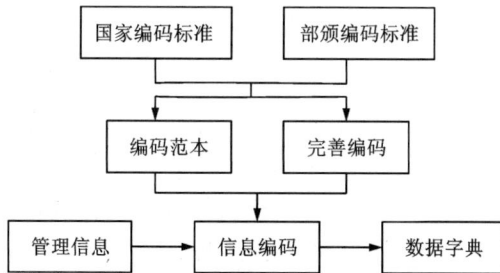

图 4-5-1　数据字典形成过程

（1）数据字典库的设计

通过对公路项目各管理系统要素进行信息数字编码，实现全资产、全要素的
标准化与数字化管理。

（2）数据字典库的建立与应用

统一的数据字典是数据利用和实现信息数据管理以及关联、追溯、分析、共

享、扩展五大功能的基础。数据字典需要根据公路管理体系各专业业务不同管理单元的具体技术要求，对信息数据进行分类，建立数据的输入标准，通过数据采集技术在数据库中形成或输入可供利用的数据。

数据编码采用国家或部颁编码标准，或参照国家规范编制的管理数据编码，依据需求编撰成册，形成可供系统开发的数据字典。

4.5.3.2 信息单元技术

信息单元技术是指根据预防性管理的单元化原理，利用信息数据手段和管理逻辑关系将管理系统分解为基本结构管理单元，并建立信息目标单元的等量管理方法。如图 4-5-2 所示，在公路管理中，将管理系统基本单元分解为路产养护、路产经营、路产管理、运营安全、运营成本、运营绩效 6 个子系统单元，每个子系统单元目标分解为更加具体的目标单元，例如路产养护子系统单元按管理特征进一步分解为组织管理单元、路产信息单元、路产养护单元、路产工程单元。每个单元目标又分解为更加具体的目标单元，例如路产信息单元进一步分解为路基、路面、桥涵、隧道、交安设施、绿化环保、房建设施、机电设施及其他路产等 9 个专业的路产养护和路产工程管理单元；路产养护单元进一步分解为养护字典、养护数据、养护检查、养护评估、养护分析 5 个内容管理单元。各目标单元可进一步分解为子单元，直至基本的信息结构，例如养护字典单元分解为路产编码、结构类型、路产病害、其他字典 4 个单元。

4.5.3.3 信息提取技术

信息提取是指对公路运营过程中的内、外部资源进行有用信息的提取、吸纳与学习的过程。在进行信息提取后，计算机将非结构化数据转换为结构化数据，方便计算机进行分析和处理，从而实现资产数字化，支持公路运营的全过程数字化管理。

4.5.3.4 信息耦合技术

信息耦合即在数据字典建立的基础上对公路运营企业的资产数据和人员、生产成本等各个方面的数据进行关联，分析各类信息之间的相互关系，探索各类信息之间相互影响的规律，从而建立起信息耦合模型，以对管理过程中可能出现的风险进行事前预警，还可以辅助管理决策。例如，对高速公路的中大修频率以及

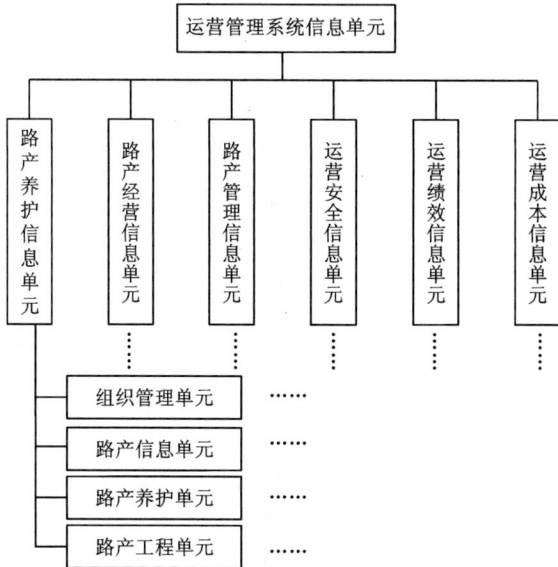

图 4-5-2　公路运营系统信息单元分解

维修成本等信息进行关联分析，与预防性养护的频率和成本进行比较，可以科学地决策维修养护的时间和方式。此外，随着智慧城市的建设和智慧交通的发展，信息耦合在路况监控、应急事故处理和信号优化等方面可以起到重要作用。

4.5.4　资产数字化管理的步骤

实现资产数字化管理不能一蹴而就，为了保障全员参与资产数字化的过程，保障资产数字化管理的顺利实施，前期应该做好充足的准备工作，逐步收集全面、真实的资产信息，然后进行资产信息的归集和处理，最后通过数字化技术和计算机手段建立资产数据库。

（1）前期准备

在企业试图进行资产数字化转型之前，要在全体员工中普及资产数字化管理理论和方法，明确资产数字化管理的目标。

管理文化是资产数字化管理的内在驱动力。企业管理模式的突然改变以及企业迈入资产数字化管理步伐的加快可能导致员工难以迅速接受，因此，在实行资产数字化管理之前，内部的员工培训和先进的管理理论和方法的普及工作的开展是必要的。这个过程不仅能够让员工了解资产数字化管理的原理，以及其先进性和合理性，提高自身的管理理论素养，而且能够让员工逐步接受资产数字化管理方法，更好地激励员工认真投入相关工作，以便将来数字化管理平台的全面铺开。

(2)建立资产数字化模型(ADM)

资产数字化模型的建立包括几何模型的建立、静态模型的建立和动态模型的建立，三个模型中动态模型是最高层次的模型，是在几何模型和静态模型的基础上建立的。构建资产数字化模型的基础是信息和数据，需要资产数据库作为支撑。已有的公路建设期、运营期产生的数据的组织、格式和存储方式各异，这些数据资源较为分散，彼此缺乏结合、无法贯通。资产数字化的目标之一就是快速地将各类结构和形式各异的相关信息统一转化为计算机系统可以识别的数据，并集成于资产数字化模型中。因此，资产数据库的建设是建立资产数字化模型的关键步骤。

资产数据库的建设有两个关键步骤。首先，需要根据统一的数据模型进行数据整理，按照相关规范标准的要求和计算机语言的编码格式要求，运用数据字典技术对数据的数据项、数据结构、数据流、数据存储、处理逻辑等进行定义和描述，形成数据字典库。在形成数据字典库之后，利用信息单元技术将数据字典库分成不同类型的字典单元，再将每个字典单元进一步细分为多个子单元。例如，将养护字典单元分解为路产编码、结构类型、路产病害、其他字典4个单元。

在完成数据字典库的建立并进行数据单元分解后，资产数据库基本建成。此时的资产数据库中包含的都是静态数据，动态数据将在公路运营过程中通过传感器等实时感知设备收集后自动录入资产数据库中。

资产数字化模型的底层是公路的几何模型，它是公路的空间模型，静态数字化模型在几何模型之上丰富公路系统中的静态要素及其静态信息；在静态数字化模型之上再丰富公路系统中的动态要素及全要素的动态信息，形成动态数字化模型。三个层次的模型并不完全独立，而是由里至表，融为一体。资产数据库建成后，将资产数据库中的静态数据和动态数据逐步与几何模型关联即可得到最终的动态数字化模型。

(3)资产数字化模型的应用

资产数字化模型是专业数字化管理平台能够顺利运转的基础，而专业数字化管理平台是资产数字化模型能够发挥作用的保障。以公路专业为例，资产数据库内嵌于公路专业数字化平台之中，为公路专业数字化管理提供数据支撑。随着使用时间的推移，资产数字化模型不是一成不变的，公路的动态模型和资产数据库是动态变化的。因此，在应用过程中要进行主要资产数据的及时更新与动态修正，以实现资产库的动态管控。公路运营企业资产数字化模型的数据来源广泛，数据规模庞大，并不是所有的数据对于管理决策都有辅助意义。信息提取技术能够在纷繁复杂的数据中提取有用的数据进行分析，并形成有价值的信息，再通过信息耦合技术分析各类信息之间的相互关系，探索各类信息之间相互影响的规律，从而建立起信息耦合模型，以对公路运营管理过程中可能出现的风险进行事前预警，并辅助管理决策。

第5章　公路专业数字化管理平台

公路专业数字化管理平台是数字化技术体系深度融合公路专业，基于公路管理理论与方法构建的数字化管理平台，旨在重塑公路运营管理业务流程，推动公路运营管理的转型和升级。通过大数据、物联网和移动互联等技术手段，对公路管理信息数据进行采集、分析和决策，实现全面感知、互联互通、数据利用和协同管理，有效提升管理质量和效率，为公路运营主体实现治理能力现代化提供有效保障。

公路专业数字化管理平台的基础工作是构建公路资产数字化模型，表征公路实体的实时运行状态，并通过公路信息数据管理，借助大数据分析等数字化技术，实现对数据资源的高效利用。通过对公路专业数字化管理平台的规划，识别公路运营管理的业务需求和功能需求，确定平台的开发目标、逻辑架构与功能。公路专业数字化管理平台包括六大业务系统，以实现对路产养护、运营安全、路产经营、路产管理、运营绩效和运营成本等业务的协同管理。

5.1　公路专业数字化管理基础

公路专业数字化管理平台可以改变传统生产方式，创新管理方式，进而提高管理效能。公路专业数字化管理优势的发挥，依赖于对数据资源的有效利用和借助公路资产数字化模型实现的互联互通。因此,资产数字化模型构建与公路信息数据管理是公路专业数字化的重要基础性工作。

5.1.1　公路资产数字化模型构建

公路资产数字化模型(asset digitization model,ADM)是基于数字化映射原理,在虚拟空间构建的表征公路物理实体实时运行状态的一种模型,包括几何模型、静态模型和动态模型的叠加与融合。公路资产数字化模型从多维度、多空间尺度以及多时间尺度来对物理空间中的公路及其运营环境进行刻画和描述,是公路数字化管理的重要工具和条件。同时,公路资产数字化模型也是公路专业数字化管理平台运行的重要基础,一方面,公路专业数字化管理平台需要通过资产数字化模型来反映其管理对象的属性;另一方面,数字化管理平台的管理指令需要借助资产数字化模型实现虚拟空间与物理实体的联动。

5.1.1.1　模型构建原理:数字化映射

公路管理数字化的基石是可映射物理世界的数字化空间,将直接的管理对象从物理世界转移到虚拟世界。公路数字化管理首先需要建立数字化模型,将对实体的管理转变为对数据的管理,借助对数字化空间的管理实现对公路的管理。数字化映射一词来源于数字孪生思想。数字孪生的概念于 2003 年由美国密歇根大学的 Grieves 教授在产品生命周期管理课程中提出,并在其 2015 年撰写的白皮书中给出了详尽说明。数字孪生是物理产品的虚拟数字形式,主要包括实体空间中的物理产品、虚拟空间中的虚拟产品以及用以联接实体产品与虚拟产品的数据与信息的关系三个部分。数字孪生的核心是模型和数据,前者是连结管理者与管理对象的纽带和桥梁,后者是管理决策的重要支撑。

公路资产数字化模型属于数字孪生体的一类,是反映公路本身及其所属环境的一个虚拟实体,可以全面、实时地表征公路各要素的联系、属性、状态与变化趋势。在公路行业,将公路道路平纵横设计绘制为计算机辅助设计图纸,将路网 GIS 矢量要素映射组织为电子地图都属于初级的数字孪生范畴。公路资产数字化模型是一个庞大的系统,既包括各种类型的路产、结构、设备,也包括周边的自然环境、车辆等要素;既包括要素的静态数据,也包括要素的动态变化及相互关联。公路资产数字化模型是否完整、合理、准确,主要取决于数字化映射手段。数字化映射构建了公路物理世界与数字化空间的对应关系,使数字化尽可能真实而完整地反映物理世界。同时，物理实体与虚拟实体间存在着双向交互关系，物理实体的运行状态数据通过虚实双向交互通道实时同步到公路资产数字化模型，经过数据处理与分析，形成决策指令。随后，管理人员通过公路专业数字化平台（见5.2节、5.3节）向物理实体下达决策指令，从而实现虚实联动，即通过对数字孪生体的操作实现对物理世界的管理，物理世界与数字化空间可以动态匹配与交互。

5.1.1.2 模型建模流程

公路资产数字化模型是一个多层次叠加模型，多种类型数据的融合联动赋予了公路资产数字化模型以生命力。公路资产数字化模型的构建包括三个步骤：首先构建公路的几何模型，作为公路资产数字化模型的框架；再构建静态数字化模型，主要包括静态的设施、设备、结构等要素信息；最后构建动态数字化模型，包括所有要素的时间序列信息。三个模型逐层叠加，前一模型是后一模型的基础。资产数字化模型的底层是公路的几何模型，即公路的空间模型；静态数字化模型在几何模型之上丰富公路系统中的静态要素及其静态信息；静态数字化模型之上再丰富公路系统中的动态要素及全要素的动态信息，形成动态数字化模型。三个层次的模型并不完全独立，而是由里至表，融为一体。形象地说，几何模型是骨架，静态数字化模型则在骨架上再添加筋肉，动态数字化模型则在前者基础上通以流动的血液，形成一个有机整体。

（1）建立公路几何模型

几何建模数据指客观反映现实的地物测量及设计数据，是建模的基础。建模数据主要来源于设计院的公路设计图纸、卫星遥感数据和无人机地面遥感数据。通过三维 GIS 场景中集成建筑信息模型创建地物模型达到宏观和微观的信息表达是几何建模较为常见的方式，GIS 丰富的数据结构使得三维映射物理世界成为可能，即可利用点、线、面、不规则三角网、栅格、多面体、网络公用数据格式（NCF）等数据结构将交通构筑物映射到数字地球上，完成建模过程。在该过程中，几何建模数据的获取与处理、三维几何建模技术以及虚拟模型的数据组织和管理是建模的关键技术。

（2）构建静态数字化模型

静态要素是指空间位置相对固定的要素，如路基路面、桥梁结构、房屋建筑、固定的交安设施等。静态信息指反映要素属性，在较长时间内相对稳定的信息。

静态数字化模型是包含公路系统中所有静态要素及静态信息的模型，它是在几何模型基础上丰富公路系统细节的一个虚拟实体。静态模型中包含了公路系统中静态要素的基本静态信息，包括名称、类型、日期、功能描述、责任单位、绝对位置与相对位置等。静态模型较为直观地反映了公路资产的分布情况、资产的基本属性与所属环境，是进行公路数字化管理的基础。

（3）构建动态数字化模型

仅依靠静态数字化模型无法掌握公路各方面的动态信息，也无法对一些功能性部件（如隧道喷淋灭火装置、交通指挥调度系统等）进行控制操作。因此，需要融合动态数字化模型，形成公路过程性和功能性的数字化模型。动态数字化模型在静态模型之上，又包含了各个要素的动态信息。动态信息是指随时间、情境变化的，反映事物变化情况的时间序列信息，主要包括公路路产的动态数据（如结构设备的应力应变、温度、湿度等）、公路所处环境的动态数据和车流量动态数据。这些数据构成动态、相互关联的时间序列数据，可以作为历史数据总结与前瞻预测的原始资料。由于公路数字化模型所服务的公路管理业务具有较强的综合性，在构建动态数字化模型之前，需要对数据进行关联分析，明确数据之间是否具有关联性。

5.1.1.3 数据融合

虽然资产数字化模型集成了公路的几何数据、静态数据和动态数据，但模型中各类数据相互割裂，数据层无法映射到人类可理解的视觉图层，难以实现模型的应用。因此，对公路资产数字化模型中不同类型、不同层面的数据融合是实现模型应用的重要手段。数据融合的主要工作包括数据层融合与表征层融合。数据层融合是指将多来源的数据按照特定的准则进行综合，并通过对综合数据的处理来提取对象的特征。在公路资产数字化模型中，几何数据、静态数据与动态数据紧密关联，但由于各类数据是分步骤采集，并分散存储，需要通过数据层融合将各类数据关联起来。

数据融合的另一项重要工作是将数据转换为反映公路各要素状态的直观信息，实现从纷繁复杂的数据到反映物理和运行规则的模型，即实现表征层融合。表征层融合通过对数据层进行统计、分类、插值和聚类，产生能够反映各种物理量空间分布规律的特征栅格或矢量，得到融合多个数据层的孪生数据和抽象模型。表征层数据融合需实现：①基于各类传感器数据绘制专业矢量图层，继而可利用专业图层对虚拟模型进行关联分析，实现对公路路产本身以及交通流、运营环境的状态感知、监测；②对数据层空间数据进行模式分析，得到如拥堵冷热点迁移、事故核密度等时空模式特征，继而解决交通流区域控制的边界问题。

5.1.2　公路信息数据管理

数据是数字化管理的重要基础。一个完备的数据集合可以表征客观物理世界中的一切物质和活动，这也是数字孪生的核心思想之一。公路专业数字化的基础同样在于数据，信息数据管理是公路专业数字化中至关重要的工作。信息数据管理包括信息数据产生、标识、集成、利用的全过程。信息数据的产生即数据的来源，是进行数据管理的起点；信息数据的标识是将数据对象进行唯一身份标识，是进行数据采集与数据互联的基础性工作；数据集成包括数据采集与存储；数据利用是通过统计分析与大数据处理对数据价值进行挖掘，并为企业生产经营决策提供指导。

5.1.2.1 信息数据的产生

计算机和网络通信技术的广泛应用使数据产生了两个变化：一是数据产生由企业内部向企业外部扩展；二是数据产生由计算互联向物联网扩展。这两个变化使数据产生源头成倍地增长，数据量也快速增长。按照信息来源，公路运营数据主要由公路路产库基础数据、通过业务流程产生的数据、通过物联技术产生的数据、通过移动互联产生的数据四部分构成。

（1）公路路产库基础数据。包括公路征地红线范围内的土地资产、地物资产及设备资产的数据，存储于公路路产基础数据库中。公路路产基础数据库是根据系统性和完整性原则以及国家有关规范及技术标准，按照公路工程专业划分特定的编码规则，满足养护及结构安全业务管理要求的基础性数据库。

（2）通过业务流程产生的数据。运营管理单位的业务流程数据一般产生于公共网站和自动化办公、计划管理、收费管理、经营管理、路产养护、安全管理等业务系统，以上业务系统主要通过流程处理形式产生信息数据，这些数据将按规划存储于对应的管理系统中，为业务职能部门的管理提供数据支撑。

（3）通过物联技术产生的数据。公路运营过程建立了相关的管理和监测系统，如车流量检测设备、视频监控设备、温湿度和应力应变监测设备、卫星定位设备等，这些物联网设备将通过光纤或无线网络实时采集的数据存储于相应的管理系统,客观及时地反映公路运营的状况。

(4)通过移动互联产生的数据。公路路产养护和路产管理过程中的养护巡查和路政巡查均通过移动终端完成,其中,养护巡查一般是指养护单位通过手持式巡检终端 App 完成日常养护巡查及病害处置的工作内容,将巡查数据实时传输至运营中心路产养护数据库;路政部门则通过移动终端 App 完成路政巡查的全部工作内容,并将巡查数据实时传输并保存到运营安全智能管理系统。同时,养护巡查、路政巡查过程中发现的安全问题将被实时传送至运营安全智能管理系统,并启动安全处置程序。

5.1.2.2 信息数据的标识解析

公路信息数据面向的实体对象类别与数量庞大,各实体对象所对应的静态信息与动态信息种类繁多,需要解决数据标识解析问题。公路信息数据标识解析是实现互联互通的物联网架构的关键技术,也是解决公路系统中要素识别与互联问题的手段。数据标识解析即数据的规律性分类与编码,使系统能唯一识别数据的源对象。标识解析编码的概念应从标识和解析两方面理解,其中,标识指构造某种符号区分实体,为实体构造"身份证",解析指构造的符号应该具有规律和语义,易于被人或机器识别。

在对实体对象进行分层、分类的过程中,树状结构足以容纳常见实体,满足拓扑分解,且为后续数据采集工作打下基础。在公路资产数字化模型中,数据量最大、最重要的两类数据分别是路产数据与时间序列动态数据。因此,重点对路产数据和时间序列动态数据进行标识解析。

(1)路产标识解析编码

公路路产的空间位置相对固定,其种类、数量虽然众多但也相对稳定。对路产的标识要体现可辨识性和唯一性,以公路桥梁为例,可以通过树形结构对其进行分解,如图 5-1-1 所示。

每一个结构都具有其明确的、可识别的编码。桥梁编码按"路线号+行政区代码+路线类型+顺序号+扩充码"组成,其中,第 1~5 位为桥梁所在的路线号;第 6~11 位为桥梁所在行政区划代码;第 12 位为路线类型;第 13~15 位为桥梁所在省(直辖市)管界内沿路线走向的顺序号;第 16 位为扩充码。由于路线号不等长(2~5 位),故桥梁编码为不等长(13~16 位)形式,如表 5-1-1 所示。

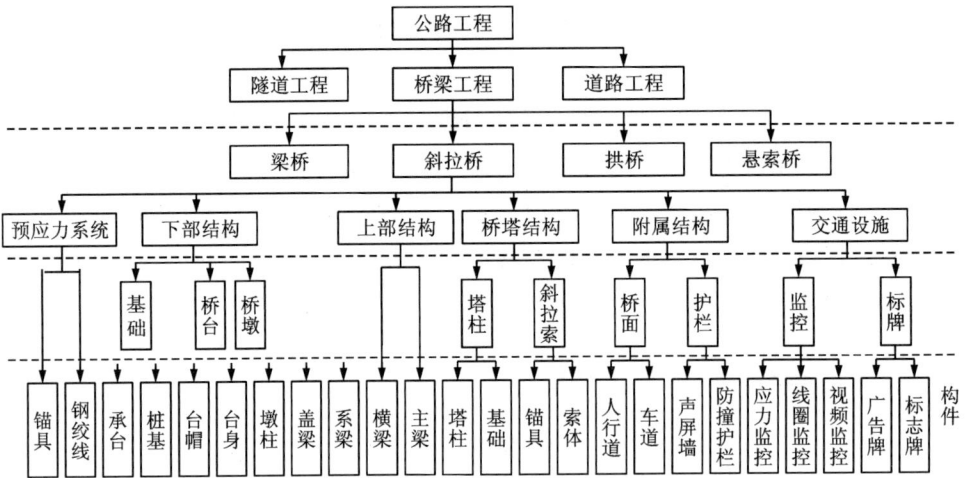

图 5-1-1　公路斜拉桥基础设施分类树

表 5-1-1　路产(桥梁)编码格式表

路线号 (第1~5位)	行政区划代码 (第6~11位)	路线类型 (第12位)	顺序号 (第13~15位)	扩充码 (第16位)
G(S/X/Y/Z)××××	××××××	L/R/Z/K	×××	×

　　路线号由公路路线标识符和1~4位数字编号组配而成；行政区划代码采用3~6位层次码结构，分别表示我国各省(自治区、直辖市、特别行政区)、市(地区、自治州、盟)、县(自治县、县级市、市辖区等)；路线类型L(R/Z/K)用以定义桥梁方位的编码；顺序号指桥梁所在省(直辖市)管界内沿路线走向的顺序号码，桥梁顺序码采用"×××"形式，由3位数字构成，为沿路线走向由小至大顺序编码；第16位为扩充码，为匝道桥对应互通立交的扩充号码。

　　路产的编码方式可以结合公路运营管理单位自身需求与特点来进行编制，总体原则是唯一确定、编码共享，即一个编码可以唯一确定一个物理实体，一个物理实体在所有映射中共享一个编码。

　　(2)动态数据标识体系

　　动态数据是由物联网中产生的，反映公路实体实时状态(如应力应变传感器、湿度传感器、烟雾传感器)、实时交通量(环形线圈传感器、闸机读数)等运行情况的数据。动态数据标识体系旨在解决动态数据的属性、归类与联通问题，通过对某条动态数据对应数据标识信息的系统解读，可以获取数据反映的对象、数据来源、数据格式以及数据归类等相关信息。

物联网物品标识技术体系中的 Ecode 标识体系可以应用于公路动态数据标识。Ecode 编码的一般结构为版本+编码体系标识+主码的三段式。版本指用于区分不同数据结构 Ecode，编码体系标识指用于指示某一标识体系的代码，而主码则指用于表示某一行业或应用系统中标准化的编码。

由于动态数据来源与反映对象均依附于物理实体，路产数据与动态数据不能割裂，动态数据的标识需要结合路产数据的编码体系，以解决数据关联性问题。对于具有动态性的物理实体数据，首先通过传感器传输到数据库，再通过存储过程及唯一静态实体编码匹配至虚拟模型中，完成动态模型的构建。

5.1.2.3 信息数据的集成

公路运营信息数据集成是通过对公路路产、结构设备、经营业务、交通环境、自然环境、检查巡查等信息的采集，将数据按照产生的来源存储于预设的位置，并利用数据库的集成形成可供利用的管理信息数据。

（1）公路路产数据的采集

按照公路工程行业专业划分、概预算定额与工程管理习惯，公路路产数据采集主要包括对路基、路面、桥涵、隧道、交通安全设施、绿化环保、机电设备（收费、通信、监控、供配电等）、房建设施和其他路产（土地红线、养护设备、办公设备等）九类数据的采集。

（2）结构监测数据采集

结构监测主要包括桥梁结构监测、隧道结构监测和防护结构监测。以桥梁结构监测为例，桥梁结构数据一般包括桥梁环境数据和桥梁结构整体性能数据两类，其中，桥梁结构整体性能数据采集主要包括桥梁环境温度与结构温度监测数据采集、桥梁结构位移变形监测数据采集、桥梁动力特性及振动水平的监测数据采集、大桥结构控制断面应力（应变）监测数据采集和拉索状态监测数据采集。桥梁结构监测数据通过前端传感器系统采集，经数据传输系统将采集的数据传输至运营管理中心的结构监测数据库，并在桥梁结构监测数据库中通过相应算法进行数据分析与安全评估，如图 5-1-2 所示。

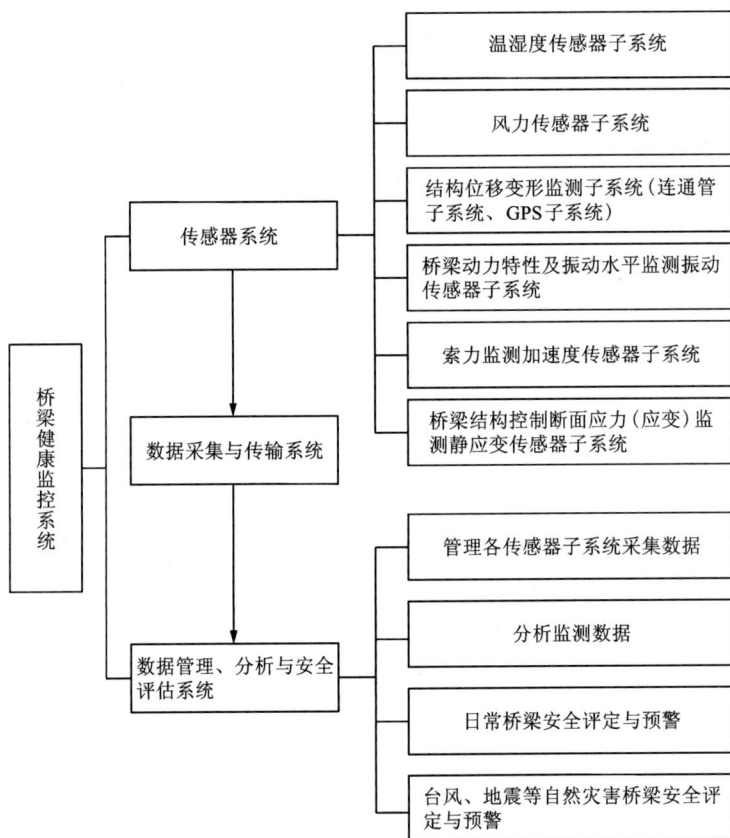

图 5-1-2　公路桥梁健康监控系统

（3）设备监测数据的采集

设备监测是对作用于设备本身的运行状态、运行控制等设备运行数据的监测。公路机电设备监测数据一般包括公路电力设备状态数据采集、高清视频流数据采集等。

（4）路产经营数据的采集

路产经营数据指路产经营单位在对公路的收费、交通、安全、服务等管理过程中产生的系统数据。路产经营数据通过数据采集、存储、分析和利用等数据管理过程指导路产经营管理决策，提高路产经营管理水平。公路路产经营数据通常包括公路收费数据、公路交通数据、公路运营安全数据和公路收费服务管理数据等。

（5）交通环境数据的采集

交通环境是作用于道路交通参与者的所有外界影响与力量的总和，一般包括道路状况、交通设施、地物地貌以及其他交通参与者的交通总和。通过分析公路网采集的各项数据，可为管理措施的制订提供依据和参考，为公众出行提供更高质量的服务。公路交通环境数据的采集一般包括公路交通流数据采集、公路通行车辆 GPS 数据采集等。

（6）自然环境数据的采集

环境有自然环境与社会文化环境之分，自然环境是围绕生物周围的各种自然因素的总和，如大气、水、土壤矿物、太阳辐射等。公路自然环境数据一般包括公路上相关的气体数据、雨量、太阳光强度数据等气象环境数据。气象环境数据通常可通过两种方式获取：一是通过传统的气象、环境监测管理部门统计发布的报表和公路运营管理部门自行设置的气象环境采集仪器获取；二是通过互联网获取气象、环境监测站的实时数据。气象环境数据具有连续性、可预测性和区域性等特点。将气象环境数据与公路运营管理相关联，从而实现气象预警等应用。

（7）日常巡查数据的采集

公路日常巡查数据采集主要是通过对公路路产的电子巡查、路政巡查、养护巡查实现。电子巡查指管养单位的监控应急中心和安全监管部门利用高清视频和流媒体技术对桥梁安全风险点和危险源进行不间断巡查和监管；路政巡查指路政部门根据工作规程规定的频率不定时对现场交通安全、周边环境安全、养护作业安全等进行现场巡查，发现隐患及时排除；养护巡查指养护作业单位根据养护规范和养护手册规定的频率不定时对运营环境养护质量、构件设施等进行现场巡查，发现隐患及时排除。电子巡查、路政巡查、养护巡查三者的有机结合，能够辅助及时发现和掌握路段及辖区内的各类突发事件，针对性地进行应急处置。

（8）信息数据的存储

通过对公路路产库和结构监测数据、设备监测数据、路产经营数据、交通环境数据、自然环境数据、日常巡查数据及业务系统流程产生的数据等的采集，将各类公路运营管理信息数据聚集于公路运营大数据存储层，数据存储层对基础设施层中硬件设施产生和采集的数据进行存储，构成数据仓库，如路产数据库、结构监测数据库、设备监测数据库、收费经营数据库、交通环境数据库和自然环境数据库等。

数据存储的目的是实现数据的应用。数据存储层的所有业务数据根据各业务管理要求和系统设计开发实现数据的应用。此外，发现、挖掘公路运营管理大数据及大数据整合带来的潜在价值，利用大数据实现公路运营企业各业务的智能分析及量化管理、量化决策。数据存储架构如图5-1-3所示。

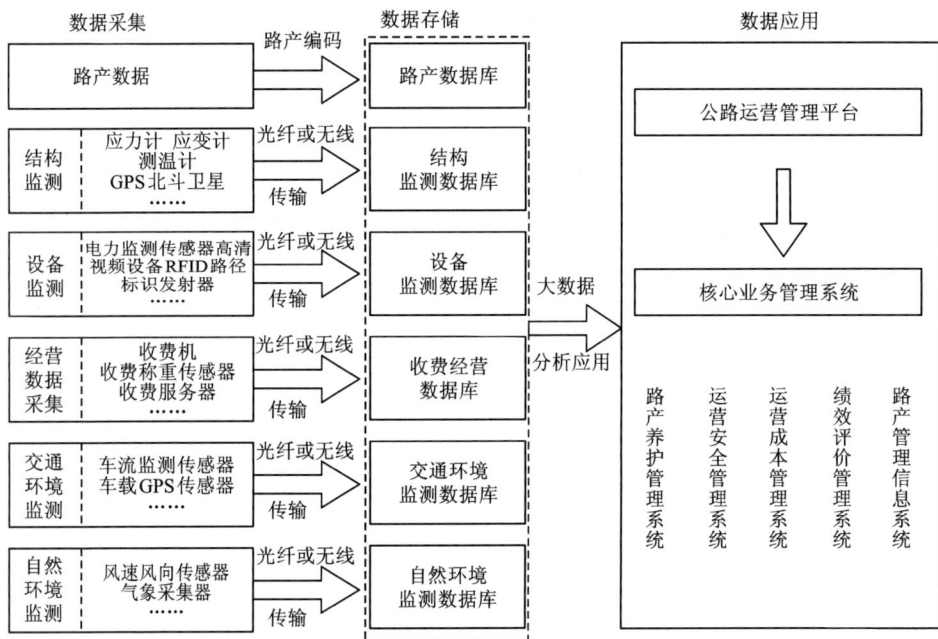

图 5-1-3　数据存储架构

5.1.2.4 信息数据的利用

公路运营数据的利用通过信息数据的功能性体现。信息数据的功能性包括相互关联、历史追溯、统计分析、管理性共享和管理性拓展五大方面，体现了大数据管理思维。公路运营数字化管理的内容与功能如图5-1-4所示。

（1）信息数据的相互关联功能

信息数据的相互关联功能是公路运营管理内容体系化的表现，是运营管理体系建立的基础。数据关联性是指公路路产和数据内容的一致性，以及管理信息内容、标准、格式的统一性和推导性，具体体现在路产养护、路产经营、路产管理等基础数据在各自目标实现管理过程中的计算方法和各类数据、参数的交叉利用和彼此验证。如对交通流数据的采集，可以关联分析收费收入，超限运输、危化品

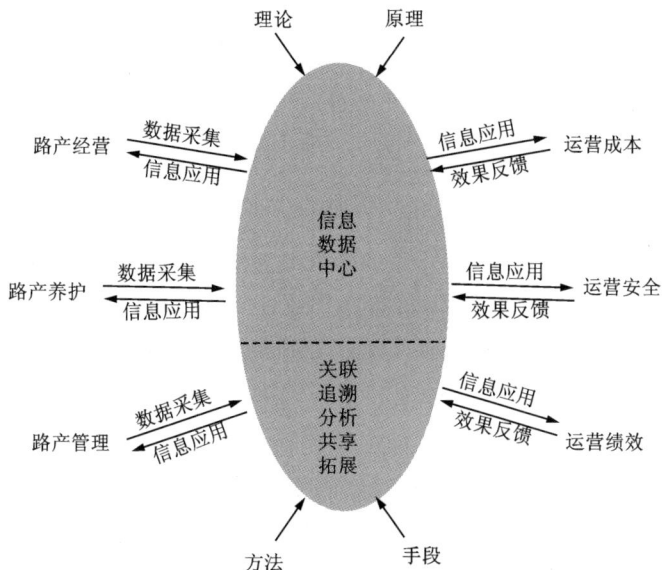

图 5-1-4　公路运营数字化管理蝶形图

运输情况，运营安全形势，结构健康影响，养护和其他成本投入，甚至分析经济变化情况和区域性交通组织等。公路运营管理的基础数据采集是支撑管理和服务应用的基础，管理数据和信息采集后统一传送汇聚于公路运营管理数据中心（路段中心或区域中心），通过对采集的公路运营管理数据进行综合分析和关联利用，为公路运营管理的科学化分析及决策执行提供依据。

（2）信息数据的历史追溯功能

信息数据的历史追溯功能是指运营管理的基础数据根据各自规则将采集或应用的信息内容按时间排列，通过特定对象信息数据的重复及变化，寻见其演变规律，并开展管理分析、决策和责任追究。信息数据的历史追溯功能具有单一事件的针对性，是实现全寿命周期分析和开展科学规则和预防性管理的依据。例如，通过"三位一体"的养护管理，采集桥梁某一具体部件的病害检查记录和历史维修记录，可以追查到其养护检查的具体时间、频率和方案信息，并判断养护管理是否到位、维修方案是否合理，以及开展相关的管理绩效评价和结构退化研究。又如，通过对收费车流、入口车牌识别和高清卡口历史数据的分析，可以追溯逃费车、冲卡车、超重车等违法车辆的信息。

(3)信息数据的统计分析功能

信息数据的统计分析功能是指所有管理的基础数据依据数据采集规则对信息内容按时间或特定范围的管理性需求开展数据统计和特征规律的分析，以此作为规划决策并开展预防性管理的依据。统计分析包含单一事件时间周期数据的统计分析和特定区域范围数据的统计分析，同时提供任务管理需求的数据精准查询和模糊查询。例如对桥梁某一具体部件历史的病害检查和维修记录可以统计结构病害特征、分析和判断病害的性质，以及病害发展的规律，并依据统计分析数据提出养护决策建议；而对一定区域(路段)范围内桥梁不同病害类型的统计，可以分析不同病害产生的原因，开展病害发展规划特征分析，并有针对性地提出养护维修类型、标准和方案。又如，通过对特定区域某一时间及收费数据和高清卡口等交通车流数据的统计，可以分析区域内公路断面车流量、车型组成比例、各出入口车流变化规律和违规车辆的情况，也可以开展交通组织疏导、路产经营营销、运营安全预防管理，为重要结构的预防性养护提供决策数据支撑。利用采集数据开展运营业务统计分析的主要内容包括运营绩效分析、路产结构状态分析、财务成本分析、车流量分析与预测、收费金额分析与预测、路产养护状况分析和安全风险分析等。

(4)信息数据的管理性共享功能

信息采集产生的可利用数据为管理工作提供服务，信息数据的管理性共享功能指通过在组织内部采集、汇聚信息数据，围绕管理目标，开展规律性分析，为各业务管理决策和实施提供依据。管理性共享功能包括组织内部相同和不同业务管理的共享、组织外部的同行业和不同行业管理的共享。如对交通量的统计分析，可以为组织内部的收费经营运营安全和路产养护等管理工作提供依据，同时也可以为组织外部的区域交通组织、区域经济发展分析提供依据。

(5)信息数据的管理性拓展功能

公路运营信息数据的管理性拓展包括不同业务的横向拓展和同类业务的纵向拓展。其中，横向拓展包含系统内不同业务的关联管理和共享利用以及系统外不同业务的关联利用。系统内不同业务的关联利用包括经营数据在养护管理、安全管理系统中的利用；系统外不同业务的关联利用包括运营交通量数据在相关道路设计交通组织、公众服务中的关联利用。从软件系统所需数据支持到物联网的建设，包括通过安全管理系统的开发拓展到交通量监测、危化运输监测结构健康等系统硬件的建设；从业务管理信息系统开发，利用过程对流程、制度执行的自动检核，实现对流程执行主体管理业务工作的监督管理。纵向拓展包含系统内同一业务管理内容的拓展，如通过路产养护系统建设期结构建设数据录入拓展到路产全生命周期的管理；系统内(项目)管理业务延伸到系统外(区域)同一业务的管理，例如通过共同的编码原则对不同项目路产库的录入构成区域的路产数据库，通过区域内同一业务管理数据的系统集成构成区域特定业务的管理。基于移动互联网、物联网、大数据架构的信息数据利用，集中体现在数据的相互关联、历史追溯、统计分析、管理性共享、管理性拓展五大功能实现，这是智能交通的本质和核心内涵，也是综合交通体系建设的基础。

5.2　公路专业数字化管理平台开发规划

公路专业数字化管理平台是基于公路管理理论和方法开发的管理平台，是借助互联网数字化手段实现路产养护、路产经营、路产管理、运营安全、运营成本、运营绩效等业务内容及方法的集成管理。开发规划是搭建集成、统一的公路专业数字化管理平台的前提。公路专业数字化管理平台开发规划从需求分析出发，明确平台开发原则与目标，并依托数字化技术，构建平台逻辑架构，设计平台功能，划分业务功能模块。

5.2.1　平台开发需求分析

随着形势的发展，公路建设和运营的数字化转型已经成为公路行业发展的必然趋势。公路运营与公路的规划设计、建设紧密衔接，是公路管理的重要环节，承载了公路工程全寿命周期的数据，其业务活动与信息数据是最全面、最综合的。因此，公路运营数字化是公路专业数字化最典型、最具代表性的环节。公路运营数字化旨在通过数字化手段解决公路运营企业目前存在的问题与需求。因此，平台开发的首要工作是识别需求，包括业务需求和功能需求。

5.2.1.1 业务需求

(1)公路运营企业业务范围

公路运营企业是指以经营高等级公路或大型、特大型公路桥梁为主，并以收取车辆通行费作为主要收入的企业单位。在我国，公路运营企业是针对收费公路运营进行管理，由投资主体掌握公路经营权并成立公路运营公司，各级政府交通主管部门依法对经营企业的投资建设和经营活动进行监管。公路运营企业主要依法承担所辖高速路产养护、收费和服务区管理等工作，收入来源主要是车辆通行费、场地租赁费、路产赔偿费。

公路运营阶段主要包括路产养护、公路路政、公路经营三项工作。从公路运营企业的专业型业务角度看，运营管理工作包括路产养护、路产管理、路产经营、运营安全、运营成本、运营绩效等，如图 5-2-1 所示。路产养护、路产管理和路产经营是基本业务，每项基本业务的管理目标各异，但是都包含了质量、安全、成本三方面的管理目标，即运营安全、运营成本和运营绩效。

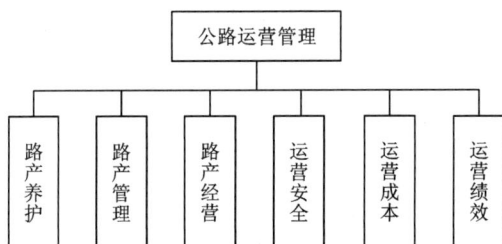

图 5-2-1　公路运营管理内容

在所有公路运营管理业务中，路产养护与管理、公路运营安全管理是最核心、最重要的业务，具有最鲜明的公路专业特色，同时也是公路运营中具有复杂性、系统性、前瞻性的业务。因此，在公路专业数字化中，路产养护与运营安全具有最迫切的数字化转型需求，路产养护与运营安全数字化是公路专业数字化的基础与本质。

（2）路产养护与管理需求

近几十年来，我国公路建设取得了巨大的成就，公路建设速度和规模保持强劲的势头。然而，与公路基础设施建设的发展速度相比，目前我国公路路产管理的现代化程度和技术水平存在着严重滞后的问题。传统的"重建轻养"观念不适用于现代化的公路管理，实现公路资产稳定增值需要提高养护管理效率并保证养护质量。

目前对路产养护管理信息数据的处理仍然以手工处理方式为主，工作人员的工作量大，工作效率及准确性难以保障。诸如人工处理、手写表抄的信息传递方式，既落后于时代脚步，也不能满足公路行业发展的需求以及规范化、制度化、科学化管理的目的。

在数字化时代，公路的养护与管理必须借助数字化技术，以进一步提高工作效率与质量，保障运营安全。目前，功能先进的数字化硬件设备和软件平台为数字化养护管理提供了有力的支撑，识别病害、预防病害、养护维修、统计分析以及业务流程管理等工作都能实现效率的大幅度提升，为安全运营打下坚实的基础。养护管理的数字化转变，要根据路产养护管理的特点，研究如何利用现代科技手段管理好、养护好公路，使之发挥出更大的效益，更好地为经济建设服务。公路路产养护与管理的数字化需求具体体现在以下几个方面：

1）养护管理信息的快速传递与反应

养护管理信息的快速流动包括对路产状态的迅速感知、病害的及时发现、检查检测信息的及时上报、决策指令的及时下达、养护维修信息的及时反馈等。例如，在路产养护中，人工巡查是对路产状态检测的必要手段之一，而人工巡查的作业特点是需要足够的巡查频率以及及时让管理者获得巡查信息，以便管理者及时、合理地安排路产养护工作。路产养护信息准确、快速的传递是实现高效路产养护管理的基础。在数字化背景下，可以通过预埋传感器及高清摄像头等对路面状况、关键结构状态、养护规划、养护施工工作信息等数据进行实时感知与传递，实行主动、高效、智能的预防性养护管理。

2）养护数据的存储与共享

数据是路产养护管理的基础资料。路产养护管理过程既是数据的使用过程，又是数据的产生过程。在传统的路产养护过程中，一般以公路建成后的竣工存储资料作为养护管理的基础数据，但在路产养护日益复杂的趋势下，传统纸质材料不易查找，信息存储不全面的劣势日益凸显。各业务部门都拥有大量的原始数据，且每天还在产生新的数据，这些数据虽然从逻辑上相互关联，却散存在各类部门的文件柜中，共享极其困难。

数据化、网络化技术为数据的共享提供了极好的条件，只有建立在信息共享基础上的管理系统才能充分发挥其应有作用。路产养护管理系统是综合信息化系统，系统的任务是为企业创建数据共创、共享、协同办公的环境。同时，养护数据的合理存储与共享也是后续数据分析的基础。通过借助数字化模型，将公路建设自规划立项、可研开始的前期阶段到最终竣工验收的全周期数据进行存储，收纳设计、施工图纸、施工记录、监测数据等一系列材料，为后续养护提供基础。

3) 节约养护成本，提升养护效率

公路线状空间分布的特点，使得路产养护的工作烦琐且相对分散，涉及的专业队伍众多，需要多个学科共同配合，是一项复杂程度高的系统工程。传统的养护工作属于人力集中型的作业，工作效率低且时效性差，已经无法适应日益庞大的高速公路网络。近年来，为降低路产养护成本，在养护工作中制订科学合理的路产养护规划，采用养护施工新工艺、新技术对于路产养护成本的节约具有较大意义。通过数字化技术对公路设施的运行状态进行实时监测，对其健康程度进行动态分析，以减少人力成本投入，并延长公路设施的使用寿命，从而节约养护成本。

(3) 运营安全管理需求

公路运营企业首先应该保证路产本体结构和运营范围内公路使用行为在安全状态，且公路运营企业的一切业务生产作业行为都应该符合安全管理规范要求。公路运营的危险源较多，事故发生频率较高，如果不能得到及时、有效的预防和处理，不仅会影响公路运营企业的效益，还可能会损害人民的生命财产。

从公路运营的危险源角度，公路运营安全管理最需要关注的就是动态的车辆和静态的路产设备。从安全管理活动角度，运营安全管理关键要做好安全检测和应急处置。以传统的手段进行公路安全管理，存在着应急反应不及时、监测活动效率低、应急处置相关部门协调性差等不足，无法达到"本质安全"的要求。公路运营企业需要应用数字化技术，建立数字化平台来辅助进行运营安全管理，通过运用数字化技术、手段、措施和方法减弱或消除公路运营系统中的不利因素及因素间的不利作用，并帮助处理各类安全事故。

对公路运营常见的交通事故和公路关键结构安全隐患的管理需要做到预防为主、实时监控、快速研判和及时处置。例如，实时获取路上车辆的运行车速、平均车速、车速标准差等交通参数，并通过大数据分析对应路段的交通事故率，对交通事故的处理做好预防；在交通事故(包括车辆撞击、车辆故障、车辆起火等)发生后，能够通过平台结合移动终端迅速组织力量进行处置。关键结构与部件的安全管理应做到"预防为主、综合防治"，避免出现传统养护手段难以准确获得关键结构与部件的实时状态，巡检养护、外观检测的准确度和效果很大程度上依赖于养护人员的经验的情况。

因此，公路运营企业在运营安全管理方面应通过数字化实现以下需求：

1) 车辆监控

公路运营安全数字化管理需要能够对公路上的交通情况进行实时监控，获取并存储、分析数据，以便采用历史事故资料及公路运营数据研究交通参数与事故率之间的关系，继而优化交通管控方法。例如，超重超载车辆往往对公路安全造成很大隐患，尤其对路面路基的影响明显，其动载反复作用可能对钢箱梁造成疲劳破坏和裂缝、桥梁构件局部塑性变形甚至丧失稳定承载力。此外，超重超载车辆一旦发生交通事故，救援的难度比一般交通事故大。因此，需要采用信息技术及时发现超重超载车辆，为交警、路政等部门执法提供信息。

2）结构与设备监控

公路运营安全数字化管理需要实现对公路关键结构与设备的实时监控。监控的主要内容是结构与设备的关键参数，以反映结构与设备的实时状态。通过监控的动态数据，辅助了解构件与设备内部的结构性能和工作状态，从而对可能发生的结构工程事故隐患进行有效预测，在最大程度上避免结构与设备安全事故的发生。

3）周边环境监控

影响公路运营安全的因素还包括各种自然因素，例如山体滑坡、泥石流、地震、风暴等自然灾害。自然灾害可能直接对公路结构造成损坏，也可能引发交通事故，影响交通顺畅，严重时甚至威胁大桥健康。因此，公路运营安全管理需要采集一系列影响公路运营安全的环境数据，如通过 GPS 和物联网等监测边坡结构状态与应力应变特征、通过风速监测系统实时获取峡谷或江面等环境下的风速。采集的所有数据通过数字化平台进行整合、分析与展示，作为公路健康监测的重要组成部分。

4）事故信息的及时传递与反馈

交通事故是公路运营中最常发生的安全事故。事故发现时间是指从交通事故发生到公路交通管理者或交警确认事故的时间，它是事故及时响应、快速处置的基础。为及时开展救援，保证公路通行和公路运营效率，公路管理部门应及时捕捉并处置事故信息，并借助数字化技术进行交通事故的及时响应和救援。此外，公路基础设施巡检中发现的安全隐患也需要及时、准确地上报公路管理部门，并对所有上报的信息进行及时处置和反馈。

5.2.1.2 功能需求

（1）业务集成管理需求

公路运营管理具有管理内容多、管理类别复杂等特点，属于技术密集的现代化管理。公路运营的各个专业部门各自分散、独立、封闭地进行管理，既难以形成协同整合效应，也带来了资源上的浪费。一般的信息化手段能够对企业的业务和办公起到一定的辅助作用，但无法真正实现集成管理，存在企业数据信息分布零散、企业各部门的数据系统接口不统一、企业数据信息整合不到位等问题。

公路行业是一个传统行业，在进行数字化探索初期缺乏理论指导与实践经验。企业在进行集成化管理平台建设时，各个部门往往根据自身业务需要和实际操作单独开发出适合自己业务需要的信息系统。这些分散搭建的系统没有整合在一起，相互之间也没有建立联系，导致企业在进行综合性业务或战略分析与决策时，对所需的数据信息不能统一调用，进而影响企业的效率。

因此，公路运营企业在集成管理方面应当通过数字化实现以下需求：

1）公路运营的业务数字化集成

借助先进的技术手段进行信息采集、统计、处理，可使得业务过程高效快捷，从而避免信息重复录入，加快信息的流转速度，简化业务处理过程。公路运营业务的集成便于管理人员对运营业务做出更为准确的把握和更直观的认识。同时，业务集成可以使公路运营各个专业之间的沟通、协调、查询时间大大缩短，大幅提高公路运营整体效率。此外，业务集成通过将管理部门所发出的指令快速传达到各业务部门，保证上级管理部门与下级各职能部门实现远程、迅速、安全的信息交流和共享。而要实现业务集成，必须依赖于数字化的管理平台，实现信息数据的全面数字化管理。

2）业务管理的量化及可视化

将核心业务过程及结果以数据指标的形式量化和可视化，有利于一线工作人员对业务的把握，也有利于管理者对公司业务绩效的宏观掌握。公司的各项业务做到量化可视，并实现核心业务的量化评价和考核，对影响公司发展的各项业务指标，从大到小，以图形、图表的形式展现，能够实现对公司运营状态的全面掌控。可视化在工程中的应用越来越广泛，在量化基础上的可视化不仅能客观反映工程实况与发展趋势，也能提高决策者的判识直观感，从而有利于提高效率和决策的科学性合理性。因此，量化与可视化也是辅助运营业务的重要功能。

3）集成管理的安全性和易用性

安全性是统一集成平台的首要因素，在设计统一身份认证平台子系统场景时，需要确定所需要设计的身份认证子系统所适合的应用场景以及在此应用场景下所要求能够达到的安全保障目标，在不影响平台安全性的前提下，实现平台的易用性。集成平台包含许多相互关联的子系统，各子系统在操作上应保持一定的一致性，以使操作人员能便捷地对平台进行访问与操作。

4）集成管理的可扩展性

对公路运营进行集成化管理是一项长期的任务，是从点到面的渐进过程。集成管理的进程将随着公路运营公司业务的不断拓展而逐渐推进，集成的规模也会由小到大、从简单到复杂。因此，集成管理系统的设计和实施要具有良好的扩展性，以满足不断发展的需要。

（2）数据价值挖掘需求

公路专业数据资源具有类型众多、规模庞大、分布分散等特点，其中蕴藏的价值对公路运营管理有着不可估量的作用。公路具有庞大的营运量，所有的营运信息都将组成大数据库的一部分，对数据中蕴含的价值进行挖掘已经成为不可避免的发展趋势。公路数据主要包括收费数据、监控数据、调度数据、运营数据等。从公路数据的类型可知，公路数据的来源复杂且规模庞大，需要借助先进的数据库和数据分析技术才能有效地对数据价值进行挖掘。同时，公路各管理部门已建的信息系统中已经积累了大量的业务数据资源，需要通过数据中心对各类数据资源开展集中管理、充分共享和价值挖掘。因此，公路运营企业需要借助数字化技术，对公路运营数据进行深度挖掘和分析，充分利用数据价值，为企业管理部门决策做出有力支撑。公路运营企业对数据价值挖掘的需求体现在以下几个方面：

1）数据标准化管理

确保数据的及时性、完整性、规范性、一致性、准确性、唯一性和关联性，形成"可信、可靠、可控、可用、可视、可溯"的公路数据，实现公路数据由资料管理、资源管理到资产管理的提升，提高公路数据价值，为公路业务管理、领导决策及社会公众提供全面、统一的数据服务，为公路运营管理的数据治理和数据资产管理决策提供参考。

2）数据的有效整合

公路运营数据分为静态和动态两种，既包括交通信息、业务流程信息，也包括相关路产状态信息、交通管制信息等。这些信息分别来自不同类型的检测器，各自的存储形式不一，数据类型多样。只有将这些来自不同渠道的数据信息进行有效整合，才能还原实际的交通状态，为数据分析和交通决策提供有效依据。

3）辅助提高运营管理的科学决策能力

数据挖掘的最终目标是实现科学决策。通过对企业各项业务的精确把控，实现对不同业务的科学分析。通过信息化的手段分析历史数据，并结合业务的发展现状，对未来发展趋势做出预测，为企业的发展和科学决策提供良好的信息支持环境。

5.2.2 平台开发指导思想与原则

5.2.2.1 平台开发指导思想

（1）预防性管理思想

预防性管理思想是重视事前管理的一种管理思想，在质量管理、安全管理、风险管理等领域有着广泛的应用。公路路产养护和安全管理要在预防性管理思想的指导下防患于未然，强调事前的、进取性的管理，在安全隐患形成之前积极干预，使公路始终在安全状态下提供服务。提前对可能发生问题的环节进行分析和预防，符合动态管理理念，认识到了人不仅是被管理的对象，更是驱动整个管理流程的原动力。"预防性养护"的核心是采用"最佳成本效益"的养护措施，强调养护管理的主动性、计划性和合理性。适时开展"预防性养护"，延长工程使用寿命，能够提高资金使用效益，保持工程较高的适用性。公路预防性养护和安全管理必须遵循"治早治小，及时主动"的原则，养护部门合理地确定预防性养护的时机，全面调查和科学评价公路技术状况，采取最佳方案，适用于最佳路段。

预防性管理是最有效、最主动的管理控制思想，但在缺乏数字化技术支撑的条件下难以真正实现，原因在于对管理对象中的人、物、事缺乏实时准确的状态认识和趋势判断。在数字化管理思想逐渐完善和数字化技术体系迅速发展的背景下，预防性管理的思想得以有效地在各个管理领域贯彻。在公路运营管理中，养护管理和安全管理业务都受到预防性管理思想的指导。预防性管理理论是公路专业数字化管理平台建设的指导思想，数字化技术则是实现预防性管理的技术基础。预防性管理离不开对公路路产关键结构、设备设施、交通状况的及时掌握。没有表征状态的数据，预防性管理也就无从谈起。

单元化原理是预防性管理思想的内核之一，也是开展公路运营业务需要遵循的原理，需要体现并贯彻到数字化管理平台的规划设计中。公路运营企业总目标的实现，首先需要根据单元化原理，将总目标分解成子目标单元，使子目标单元能相对独立地被执行，从而更好地建立进度计划，明确完成时限、工作目标和质量标准等内容指标。例如，公路专业数字化管理平台对施工作业进行施工安全管理时，需要根据单元化原理，结合养护作业与安全管理组织机构，将安全责任自动匹配到相应的人、班组,既便于责任的倒查与追责,也有利于养护施工安全的技术交底。在根据单元化原理对公路企业总目标进行分解时,可以从治理架构、战略计划、任务目标三个维度对战略目标进行分解,实现目标在时间维度、企业纵向组织结构、企业横向业务结构的全覆盖。此外,公路专业数字化管理平台应具备对目标达成情况进行考核的功能,实现对目标完成情况、任务实施结果的检查和统计分析,为下一阶段工作的继续开展和持续改进奠定基础。

(2)集成管理思想

集成管理是指在管理实践中运用集成的思想、方法和原理,对生产要素的集成活动以及集成体的形成、维持及发展变化,进行能动的计划、组织、指挥、协调、控制,以达到整合增效目的的过程。集成管理有主体行为性、和谐有序性、多样性和模糊性等特点。国内关于集成管理的研究起源于钱学森,其指出综合集成是处理大型复杂系统的唯一有效方法。但在公路专业数字化平台的规划中,往往由于缺乏集成管理思想而造成顶层设计工作不到位。企业每感知到一种管理需求,即开发一个管理系统,这样易造成信息系统之间纵向贯通程度不高、横向衔接差等问题。信息系统数据资源无法共享,阻碍了数据的挖掘、分析和再利用。引入集成管理理论指导专业数字化管理平台开发,可在一定程度上解决或缓解公路运营企业信息系统开发过程中的问题,促进公路运营企业各部门实现高效协同、快速响应,提升运营管理水平、降低运营成本。

(3)ADM 管理思想

ADM 既是资产数字化模型,也是开展公路专业数字化管理的指导思想。ADM 思想运用到公路运营管理,旨在通过构建公路资产数字化模型,实现公路运营企业全资产、全寿命、全信息、全要素的动态关联。公路运营管理涉及众多因素,需要将数字化技术与思维同运营企业业务进行深度融合,实现对全要素的有效管控,有效提升监督、管理和服务效能。

在公路运营管理中,管理主体需要认识到公路运营各个业务板块之间的动态关联性。各个业务部门既要履行本部门的职能,又要协同其他部门共同完成工作。要实现部门之间良好的信息交流,一方面需要建立统一的集成管理平台,对六大运营业务进行统一管理,使其在保持相对独立的同时能够高效协同;另一方面,要实现全要素内容、格式、程序的规范化、标准化和数字化,保证数据在各部门之间的快速传送。因此,公路运营企业必须建立统一的数据字典和通用的信息格式,保证系统接口之间的平顺性。此外,公路运营管理还需认识到工程要素、外部环境、工程条件之间的动态关联，实现三者的和谐统一。管理过程需要动态关联监督、管理、服务等信息的人、事、物全要素，实现全资产、全信息、全要素的"事前、事中、事后"全过程管理。尤其在路产养护与运营安全管理中，需要把握事物之间的动态关联关系，以预防性管理理论为指导来进行有效的管控。

5.2.1.2 平台开发原则

公路专业数字化管理平台是一项系统工程，既要符合一般数字化平台的要求，又要满足公路专业的特殊需求；既要体现集成管理全面性、综合性的管理思想，又要有效地对公路各专业职能部门的业务提供支撑；既要满足当下公路运营管理的需求，也能应对未来公路专业动态变化的需求。因此，公路专业数字化管理平台应当遵循以下原则：

(1)集成性原则

集成性原则主要体现在各个业务部门管理工作的相互交融与高度集成，基本实现功能设计的诉求。平台设计价值的实现体现于各业务部门的高效工作与员工的积极行为之中。

(2)实用性原则

平台开发应基于公路专业的特点，着重进行结构设计和功能设计，既实现设计风格的统一、界面的统一、功能的完善，也需要加强查询操作的便捷性、系统后期的维护性以及平台的实用性。此外，平台需采用结合多种身份认证方式(身份密码/手机短信/电子邮件/微信/数字证书等)的强认证方式，以确定访问者的身份，保证各子系统身份认证的安全性和准确性。

(3)标准化原则

参考相关现行国家标准、地方标准和行业标准，标准化主要包括数据格式的标准化、描述语言的标准化、标引语言的标准化、通信协议的标准化、安全保障技术的标准化以及数据库管理软件和硬件的标准化，以保证信息资源的共建共享。建立统一的数据编码原则与规范，能够较好地解决信息数据集成过程中的标准化问题。

(4)扩展性原则

平台宜采用结构化、开放的、易于扩展的体系结构，在充分利用现有资源、保护现有资产的前提下，保证平台的可扩充性，适应业务的持续发展需要。平台设计在充分考虑当前业务环境和需求情况的同时，必须考虑到今后较长时期内业务不断发展的需要,留有升级和扩充空间,为以后系统性能和规模的扩展提供机会。此外,平台要具备多种物理接口,以满足技术升级、设备更新的灵活性。

(5)健壮性原则

健壮性也称为鲁棒性。健壮性表现为软件的容错能力,包括对用户误操作的处理能力以及系统出错后的恢复能力。运营管理平台设计应遵循健壮性原则,保障系统无单点故障、数据完整,在发生故障时能够及时预警并对故障进行隔离。

5.2.3　平台开发目标

公路专业数字化管理平台以数据字典技术、信息单元技术、地理信息技术、大数据处理技术为支撑,按照数据字典编码规则,利用路产中心数据库和运营业务信息、物联网和移动互联网数据,实现公路运营业务与公路运营管理的数字化转型。平台主要需要满足以下三点要求:

(1)根据业务系统流程,建立以业务流程为中心的信息系统

公路专业数字化管理平台建设不是手工作业的简单电子化过程,而是公路运营管理业务在数字化条件下的整合提升,既包括对业务流程进行适应性技术调整以将手工作业方式变为电子化、网络化作业方式,也包括对目前公路运营管理现实存在的信息管理问题的对应处理。建立以业务流程为中心的信息系统,既是管理业务规范化的需要,也是系统设计的需要。

(2)实现业务数据、信息资源的共享

数据是公路运营管理的基础资料。运营管理各业务流程既是数据的使用过程,又是数据的产生过程。公路运营企业各部门都拥有大量历史数据,且每天在产生大量新的数据。这些数据在逻辑上相互关联,却散存在各个部门的文件柜中,导致同一数据出现多个版本,共享极其困难。电子化、网络化技术为数据的共享提供了条件,只有建立在信息共享基础上的管理平台才能充分发挥其应有作用。公路专业数字化管理平台是综合数字化平台,其任务是为企业创建数据共创、共享、协同办公的环境。

(3)提升各专业部门业务水平

公路专业数字化平台需要变纵向信息交流方式为平行交流方式,以提高信息交流的效率和准确性,实现信息资源的共享,改进沟通与合作,提高决策的科学性和时效性。通过公路专业数字化管理平台与各专业系统提高业务执行与管理的工作效率、减轻工作人员与管理人员的重复劳动,使公路运营工作真正将精力集

中在关键业务上而不是低效的数据处理和重复劳动。

5.2.4　平台开发数字化技术

公路专业数字化管理平台的开发和运行涉及大量数字化技术，以实现资产数字化模型构建、数据采集以及数据分析等功能。公路专业数字化管理平台建设符合相关技术要求：一是信息数据符合行业标准及信息化管理标准，二是符合运营管理理论原理及体系化管理的需求；三是能够实现管理信息的关联性、可追溯性、统计性和可查询性；四是可以实现项目级与区域级不同信息单元的分级与合并功能，即管理性拓展功能；五是可实现运营业务管理的数字化、智能化、精准化和高效化。

（1）数据字典技术

公路运营管理过程中涉及的数据体量庞大、种类众多。为了避免不同专业部门的数字化管理出现管理分散、存储格式不统一、缺乏与其他系统之间的信息共享等问题，建立元数据标准十分重要。公路数据字典是一种数据标识解析体系，是指对公路数据字段、数据结构等进行定义与描述，其目的是为了规范多源采集数据库、GIS 服务数据库、数据融合数据库、专题数据库、反馈数据库、历史数据库等数据库的数据字段和数据结构。

这种按照预防性管理实现方法的数据化和字典化管理内涵，将管理的内容、程序、格式按照相关规范标准的要求和计算机语言的编码格式要求，形成可供计算机和管理系统识别的信息数据，生成可供利用的管理信息数据的技术，称为数据字典技术。在公路运营管理中，统一的数据字典是数据利用和实现信息数据管理以及关联、追溯、分析、共享、扩展五大功能的基础。

数据字典需要根据运营管理体系各专业业务不同管理单元的具体技术要求，对信息数据进行分类，建立数据的输入标准，进行数据采集并在数据库中形成和输入可供利用的数据。对公路段内的路产进行统一编码，做到"一物一码"，实现物资分类、属性规则定义、模板定义、物资编码初始化及发布等功能，支持管理人员方便地进行增删、查改等操作，维护其准确性。

（2）信息单元技术

信息单元技术是公路路产基础数据构建路产数据库的基础技术之一。根据预防性管理的单元化原理，将运营管理系统基本单元分解为路产养护、路产经营、路产管理、运营安全、运营成本、运营绩效六个子系统单元。每个子系统单元目标分解为更加具体的目标单元,例如路产养护子系统单元按管理特征进一步分解为组织管理单元、路产信息单元、路产养护单元、路产工程单元,如图 5-2-2 所示。其中每个单元目标分解为更加具体的目标单元,例如路产信息单元进一步分解为路基、路面、桥涵、隧道、交安设施、绿化环保、房建设施、机电设施及其他路产等九个专业的路产养护和路产工程管理单元,如图 5-2-3 所示;路产养护单元进一步分解为养护字典、养护数据、养护检查、养护评估、养护分析五个内容管理单元。其中,各单元可进一步分解为子单元,直至分解为基本的目标信息结构,例如养护字典单元分解为路产编码、结构类型、路产病害、其他字典四个单元。低层级的信息单元凝聚为高层次的信息单元,上一层信息单元统摄下一层信息单元,这构成了整个平台的层次性和逻辑性。

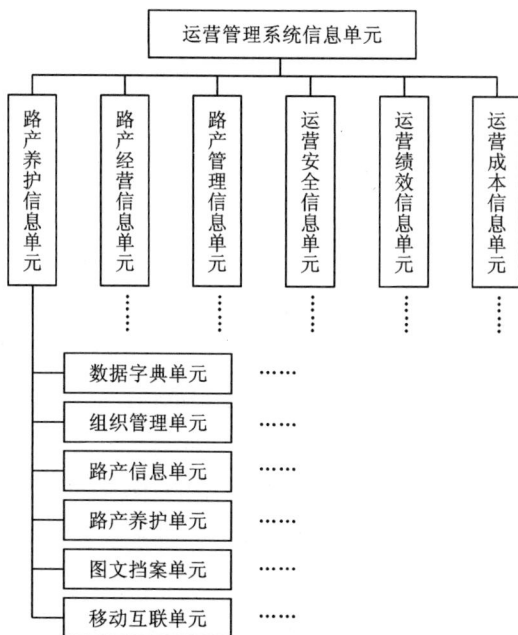

图 5-2-2　运营管理系统信息单元技术

(3)地理信息技术

地理信息系统(geographic information system,GIS)是以测绘测量为基础,以数据库作为数据储存工具和使用的数据源,以计算机编程为平台的全球空间分析即时技术。GIS 主要用于采集、存储、分析和表达空间地理信息及数据的空间信

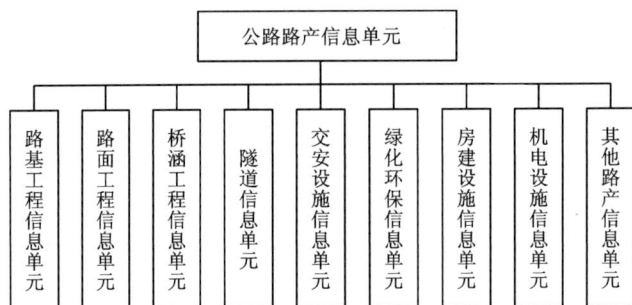

图 5-2-3　公路路产信息单元

息系统，其包括计算机软硬件系统、地理数据库系统、应用人员与组织系统。地理信息技术在公路运营管理中的应用是指构成 GIS 的方法原理在公路运营专业业务管理系统中的嵌入和应用。随着物联网和移动互联网的应用推广，地理信息技术集中应用于路产养护管理、公路运营安全管理，并在实践中解决了大量的实际问题。GIS 技术的不断发展为公路路产管理与维护提供了强有力的技术支持。公路管理部门运用地理信息技术对公路路产进行管理，将设施的定位信息、作业状态、空间分布等纳入了管理的范畴。

地理信息技术在公路运营管理中的应用主要体现在路产养护管理系统和运营安全管理系统中与管理信息数据的结合和利用。通过将地理信息技术与路产库连接，以便直观呈现路产基本信息、病害信息、检测信息、维修历史等，实现全部路产、设施二维数字化以及结构部件的数字化。同时，为实现养护信息的广泛集成与表现，系统将项目二维实体模型与数据库中相应实体的属性信息（文本、图片、多媒体等）连接，不仅能够提高公路运营管理的直观性，还可为公路检查和养护决策提供信息数据。

基于地理信息技术的路产养护管理系统和运营安全管理系统所管理的数据既包括静态的空间数据和属性数据，也包括动态的物联网和移动终端采集数据。空间数据是指电子地图中包含的各类信息，如路线、桥梁、收费站点、管理部门等地理信息，通过专用软件的管理和维护，以图层形式来体现；属性数据包含桥梁技术等级、路面性能、养护管理状况等公路管理业务数据，属性数据的管理一般通过公路动态里程桩号来进行；物联网和移动终端数据是指采用高清卡口、视频、移动巡查等设备及系统的数据采集，以动态数据或视频等形式体现。因此，将路产空间数据和属性数据及动态数据建立关联并在系统中显示、查询和分析是 GIS 技术在路产养护管理系统和运营安全管理系统中最主要、最基本的应用。

（4）大数据处理技术

随着互联网、物联网等信息技术的应用和推广，人类产生的数据量增长很快，数据种类繁多，数据在宽带网络中快速流动，待开发价值越来越大，大数据在各行各业都有应用。大数据处理技术主要是指运用多种数据分析方法与模型对处理过的数据进行分析和研究，从中发现数据的内部关系和规律，为管理决策提供参考。大数据处理技术是信息数据利用中统计分析功能最主要的技术支撑。现阶段，交通运输业的大数据应用需求主要是通过大数据的实时分析功能来进行智能交通管理和预测分析，如对违法车辆进行追踪，提高违法车辆追踪的效率；对交通流量进行实时分析和预测，减少道路的拥堵等。

公路运营大数据管理架构的设计需要满足业务管理的需求：一是要求能够满足数量较大、来源多样、速度要求快、精确性不高的大数据特点，支持大数据的采集、存储、处理和分析；二是要能够满足企业级应用在可用性、可靠性、可扩展性、容错性、安全性和保护隐私等方面的基本准则；三是要能够满足用原始技术和格式来实现数据分析的基本要求。通过公路相关采集设备以及系统获取到的数据包括结构化数据及非结构化的 XML、JPG、音频、视频等数据，其中，结构化且数据量小的数据存储在结构化数据库 Mysql/Oracle/SQL server 中，结构化且数据量大的数据存储在 NOSQL 库（HBASE），而非结构化的数据则存储在 Hadoop（HDFS）大数据架构中。

（5）物联网（IoT）技术

物联网是指通过信息传感设备，按照约定的协议，把任何物品与互联网连接起来，进行信息交换和通信，以实现智能化识别、定位、跟踪、监控和管理的一种网络。它是在互联网基础上延伸和扩展的网络。物联网发展将最大化加速全球数字化转型。一方面，数字化转型的核心是实现智能制造，在产品服务转型、优化业务运营、提升员工效率、客户密切沟通等方面建立智能系统，物联网是这一切得以实现的基础；另一方面，万物互联导致井喷式的数据增长，驱动与之相关的云计算、大数据、人工智能等技术不断向前发展，又进一步加快了数字化转型的步伐。

在公路专业，通过物联网能够解决两大关键问题，一是利用结构传感器、预埋传感器、射频识别标签等进行基础设施数据的集中采集和统计，解决因人工采集导致数据延时、不够精确的问题；二是在物联网采集的数据基础上，对数据进行加工和利用，数据分析一般在系统平台内完成，数据采集器(如各类传感器)只负责数据的采集与传输。通过数据的整合与分析，可以建立设备告警及预警机制，实现公路专业基础设施数据实时采集与日常维护业务联动，实时发现设备运行故障，消除安全隐患。

(6)人工智能

人工智能(artificial intelligence)应用的范围很广，包括计算机科学、金融贸易、工业、交通运输、远程通信、医疗诊断、科学发现等诸多行业、领域。人工智能与公路结合打造智慧公路，是智慧交通的一个主要构成部分，也是提高公路运营安全、运行效率的主要手段。人工智能需要充分结合物联网、大数据等技术，在公路运营管理技术体系中建立起全方位、全时段发挥作用的高效运营管理系统。

目前，公路专业数字化中应用的人工智能技术主要包括两项：一是智能视频监控技术，即基于公路数字摄像头和人工智能算法，通过目标检测、目标识别、行为分析三个方面的技术实现，使得交通管理人员能够直接掌握道路车流量、堵塞情况、道路违规违章情况、交通事故等状况，并能配合路政、养护、救援和信号灯进行智能化的交通管理与调节；二是自动驾驶/辅助驾驶技术，即基于GPS、公路物联网与车联网、智能感知与势态分析等技术使车辆实现不同程度的自动化功能而减少人工操作，具备如自动停车、紧急制动、车道保持、自动避障等各项操作功能，一定程度上避免了人为错误和不明智判断。对公路运营来说，自动驾驶和辅助驾驶能减少道路交通拥堵、提高运行效率、降低道路交通事故的发生率。

5.2.5 平台逻辑架构

公路专业数字化管理平台需要做好顶层设计，平台顶层架构将持续影响平台的使用和开发优化。因此，在开发专业数字化管理平台之前，需要明确平台的逻辑架构，以逻辑架构为基础构建业务架构。逻辑架构是从系统角度出发，按照数据信息流动的方向，将平台划分为若干层次的逻辑单元。逻辑架构主要是从逻辑层次上对平台的形成和运行进行描述，包括各个逻辑单元之间的层次支撑关系，逻辑层次结构按照多层多阶的方式组成了若干个在逻辑上相对独立的区域。逻辑架构是数字化管理平台中最顶层、最宏观的体系描述，各个逻辑单元内部的内容以及逻辑单元之间的关系都是平台设计需要思考的问题。图5-2-4展示了公路专业数字化管理平台的逻辑架构，该架构从信息流角度出发，自下而上包括理论方法层、基础设施层、数据架构层、应用架构层、业务架构层和专业数字化实现层。

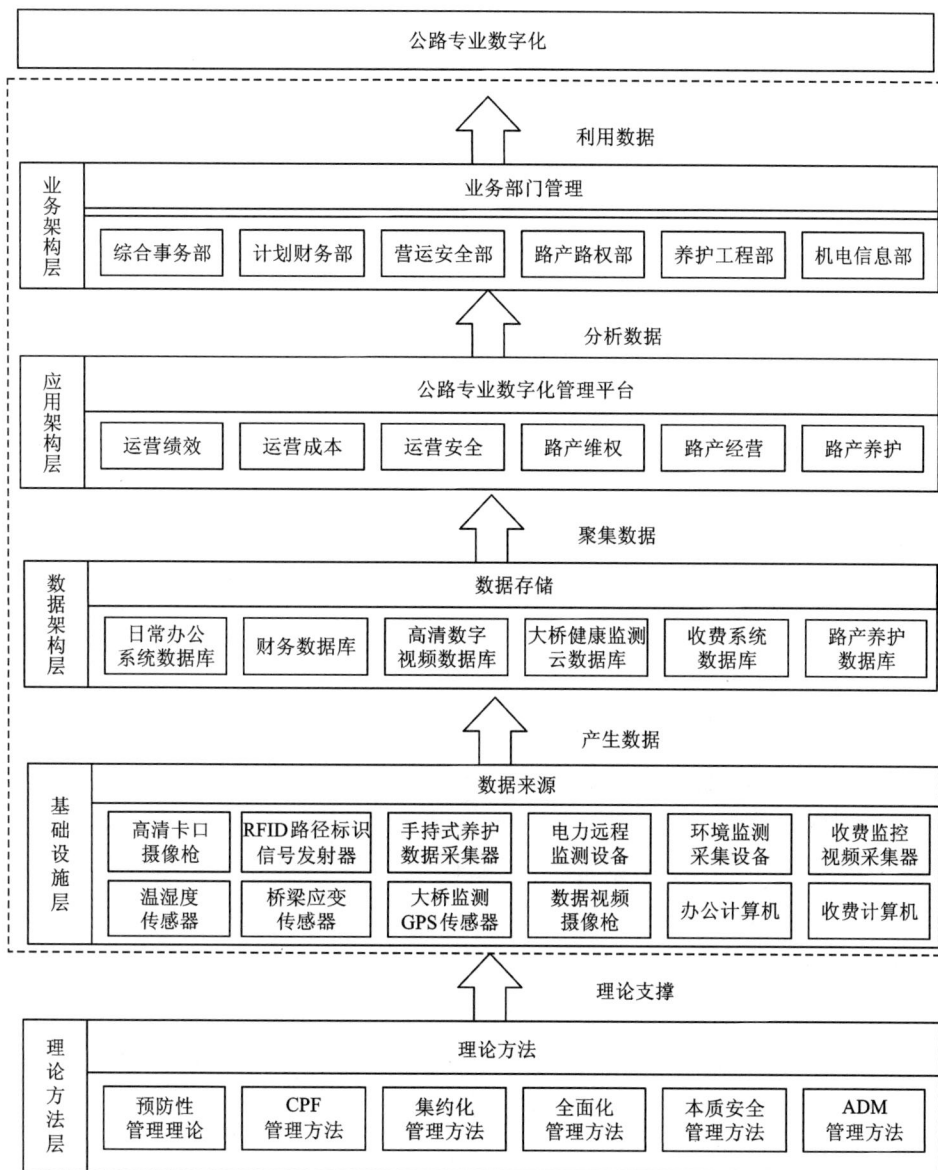

图 5-2-4　公路专业数字化管理平台逻辑架构

（1）理论方法层

理论方法层涵盖了公路专业数字化管理理论与方法，其作为公路专业数字化建设的支撑与指导，是展开公路专业数字化建设的基础。理论方法包括预防性管理理论、CPFI 管理方法、集约化管理方法、全面化管理方法、本质安全管理方法、资产数字化管理方法等。

理论方法层是基础设施层、数据架构层、应用架构层、业务架构层等应用层级的指导，是整个系统设计与应用的基石，指导整个数字化平台的建设和运作。公路专业数字化的理论与方法决定了各个层级的构成要素，还决定了层级内的工作方式，对数据采集范围、数据管理形式、业务架构搭建原则、业务系统关联关系、数据分析与应用方式等关键问题的解决提供原则性指导。

（2）基础设施层

基础设施层涵盖了企业所有业务数据产生的基础设施，是企业业务处理的数据来源，包括桥梁监测传感器、摄像枪、电力监测设备、大桥监测 GPS 传感器、工作计算机等。

基础设施层大多为硬件设备系统。如果说数据是公路专业数字化平台的血液，那么基础设施层就可以看作造血的骨髓组织。基础设施层产生的数据下一步将被存储，并向上支撑了所有业务在数字化平台内的准确高效运行。

（3）数据架构层

数据架构层的主要功能是对基础设施层采集的数据进行存储，形成不同类型的数据库，如大桥健康监测云数据库、路产养护数据库、收费系统数据库、高清数字视频数据库、财务数据库、日常办公系统数据库等。数据架构层需要实现对数据仓库系统中数据和元数据的集中存储与管理、备份和同步等，根据需求建立面向部门和各分析主题的数据集，并负责业务数据相关标准的定义和管理，制定遵循标准所配套的政策，监测正在进行的数据管控行动。

在数据架构层需要关联数据技术的应用，建立统一的数据概念模型、逻辑模型和存储模型。在数据架构层对数据进行存储和初步加工后，可以利用人工智能、大数据分析等技术对数据价值进行挖掘。

（4）应用架构层

应用架构层主要指为实现企业各业务应用的管理集成信息系统，该架构层通过信息技术的运用和信息系统的开发满足数据仓库与主要业务之间的数据交付要求。运营管理集成平台包括运营绩效、运营成本、运营安全、路产管理、路产经营、路产养护六大应用子系统，构成企业大数据应用架构层。

应用架构层是为数字化管理平台提供各专业部门相应的系统和服务的层级，

与基础设施层主要是硬件系统相对应。应用架构层主要包括视图、内容提供器、资源管理器等软件系统。应用架构层起到了统一规划、承上启下的作用，向上承接了管理层与决策层，向下规划和指导企业各个业务系统的定位和功能。

（5）业务架构层

业务架构层由企业业务部门构成，该架构层基于大数据分析向企业战略决策层提供量化的决策依据。公路运营企业的基本业务部门通常包括综合事务部、计划财务部、营运安全部、路产路权部、养护工程部和机电信息部。

业务架构层主要描述组织的功能蓝图，包括组织结构、业务流程和服务传递渠道等，涵盖了各业务部门的全业务流程和相关业务部门之间的业务联动。

（6）专业数字化实现层

实现层是企业战略管理的最高决策层，也是大数据应用模型的最高层。企业的战略决策层开发和设定组织内各业务单元的目标，同时参考业务部门提供的量化决策依据进行量化决策。

公路运营企业的所有业务数据按产生数据、聚集数据、分析数据、利用数据的大数据业务流程逐层实现大数据的流动，发现、挖掘大数据及大数据整合带来的潜在价值，利用大数据实现企业各业务的量化管理和对关键问题的精准治理。

5.2.6　平台功能

数字化管理平台作为大型集成系统，既需要满足各专业业务系统的数字化管理需求，也需要在平台层面进行科学的顶层功能设计，使各业务系统能够有机结合、充分融合、协同运行，进而实现数据的共享与利用。数字化管理平台需要实现的功能主要包括系统管理分级与集成功能、数据分析与查询功能，以及数据关联与追溯功能。

（1）系统管理分级与功能集成

系统的管理分级是指将系统使用的管理体系分解成多层次、分等级的系统管理级，一般呈宝塔型，同系统的管理层次相呼应；系统的集成功能是指将系统各项使用功能按功能操作层、功能模块层、功能系统层、功能平台层进行功能汇集。系统管理分级与系统的功能集成是紧密关联、相互作用的两个基本属性，系统的分级管理指令按决策管理级、部门经理级、班组管理级和岗位执行级，逐级详细、明确地传递，系统的集成功能由下往上逐层汇集、精简，如图 5-2-5 所示。

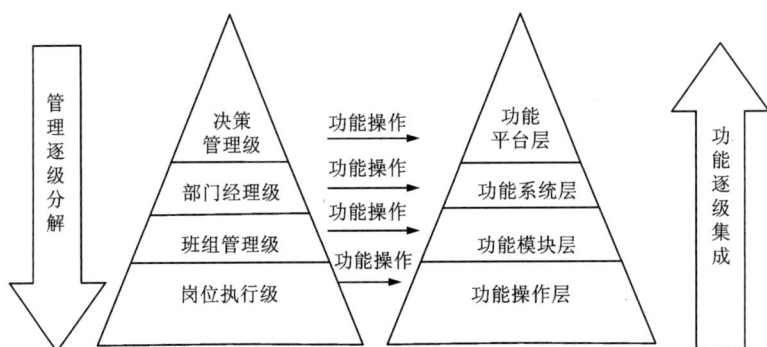

图 5-2-5　管理分级与功能集成

运营管理信息集成平台既是以公路路产管理为导向的路产运营管理，又是以路产养护、路产管理、路产经营等为基础的分项管理。因此，运营管理信息集成平台集成了运营绩效、运营成本、运营安全、路产管理、路产经营、路产养护等公路运营管理功能，其不能独立于组织各项业务活动之外，否则难以做到主动捕获及前端控制公路路产信息的全线管理和进行公路路产的全过程集成管理。

（2）数据分析与查询功能

企业的数据是企业的核心要素之一。公路运营企业的管理数据包括公路基础数据和公路路产运营过程中产生的路产养护数据、公路收费数据等公路运营管理数据。数据分析包括统计分析和大数据分析两方面，统计分析能较好地反映过去一段时期的业务情况，大数据分析能够较好地根据历史数据预测接下来一段时间的趋势。数据查询包括对历史数据的关联与检索，数据关联主要使平台能够实现对同一实体、属性、事件的不同方面数据的关联调用，数据检索主要实现面向条件和面向关键字的两种索引方式，以及对数据库中的数据进行查询。

路产养护数据的管理功能主要是实现对路基、路面、桥涵、隧道等公路路产结构基本信息、常用的路产数据字典、病害类型字典、检查项目字典、日常养护巡查数据、经常性检查数据、定期检查数据等的统一以及标准的数据分析和查询。公路收费数据的管理功能包括对公路收费流水数据和车流量数据的统计、分析和查询，通过对公路收费数据的管理实现公路收费数据的汇总查询和报表统计，为公路收费管理提供数据支撑。

（3）数据关联与追溯功能

公路运营管理的基本数据收集是支持管理和服务应用的基础。收集管理数据和信息后,它们将被传输到道路运营管理数据中心(分段中心或区域中心)。通过关联分析收集的道路运营管理数据可以为公路运营管理提供依据和参考,也可以为大众出行提供更高质量的服务。例如,城市公路横断面的高清卡口数据,收集了进出城市不同级别公路的车辆数量、车辆类型等信息。对这些数据的相关性分析可以估算车辆的时空分布和乘客进出城市的规模。

追溯功能主要是指通过在公路运营管理过程中对路产养护、公路安全应急等业务管理数据进行历史数据查询和分析,查找管理过程中发生问题的可能原因,并追查相应的责任。例如,收集公路运营交通视频信息,可以实时监控公路交通运营,及时发现突发事件,提高相应部门的应急响应速度和应急响应水平;数据分析可以为解决公共安全案件提供线索和证据,直接为国家安全和公共安全服务。

5.2.7　业务功能模块划分

公路专业数字化管理平台的业务架构是业务功能模块设计的基础。公路专业的数字化不是某个部门或某些业务的数字化,而是整个公司业务体系的数字化。因此,平台业务架构需要涵盖并对应企业的业务范围,即在数字化空间中重构公路企业的业务体系。基于公路运营管理体系和预防性管理理论原理开发的公路专业数字化管理平台,按照信息单元技术进行平台业务模块划分,得到平台业务功能模块如图 5-2-6 所示。

(1)路产养护系统

路产养护是指为保持公路质量功能和结构安全而在运营中进行的质量检查、检测、评价、维护、完善的过程。路产养护是公路运营的核心业务,也是工作量最大、工艺最复杂、技术要求最高的业务,对数字化的要求也最高。路产养护系统是在预防性管理理论的指导下,全方位、全过程地覆盖养护业务。路产养护系统一般包括路产监测、交通监测、强震监测、路面性能评价、路面性能预测、养护决策支持、养护作业支持、工后管理等功能。

(2)运营安全系统

运营安全是指对公路本体结构安全以及范围内公路使用行为和业务生产作业的安全管理或监管。运营安全系统的主要功能为安全数据采集、安全状态评价与预测和安全事故处置,包括安全档案、制度规程、安全监测、安全控制、安全处置和评价预测六个模块。运营安全系统为安全事故的处置提供全过程的支持,辅助实现安全事故的及时响应和调度。

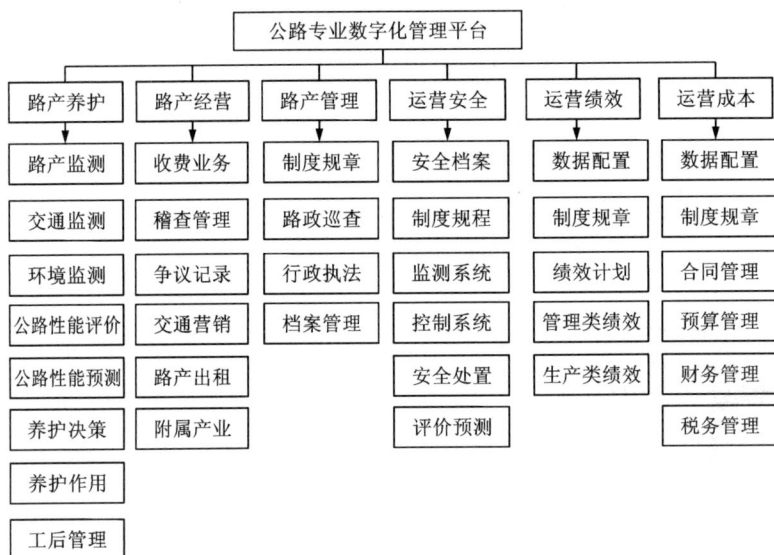

图 5-2-6　公路专业数字化管理平台业务功能模块

（3）路产经营系统

路产经营是指公路管理部门或企业对特定公路线路收取车辆通行费和道路空间出租等经营活动过程的管理。路产经营系统包括收费业务、稽查管理、争议记录、交通营销、路产出租、附属产业六个模块。

（4）路产管理系统

路产管理是指为维护用地红线内的土地和公路工程不被破坏或侵占，依法维护公路权益的管理活动。路产管理系统的主要功能为制度规章、路政巡查、行政执法和档案管理。

（5）运营绩效系统

运营绩效管理是指公路运营企业为了实现各项运营目标而开展的内部自我激励和外部监督评价的管理。运营绩效系统主要针对企业生产类绩效和管理类绩效进行绩效计划、绩效实施、绩效考核、绩效反馈，包括数据配置、制度规章、绩效计划、管理类绩效、生产类绩效五个模块。

（6）运营成本系统

运营成本是指公路运营企业为实现公路运营目标而开展相关业务所投入的一切费用的总和。运营成本系统主要包括数据配置、制度规章、预算管理、合同管理、财务管理、税务管理六个模块

公路专业数字化管理平台业务功能模块如表 5-2-1 所示。

表 5-2-1　公路专业数字化管理平台业务功能模块

平台名称	系统名称	模块	功能简介
公路专业数字化管理平台	路产养护	路产监测	对路面、路基、桥梁、隧道等结构物及其他公路基础设施的状态进行监控
		交通监测	对公路区段的实时交通监测,包括车辆轨迹监测、车流量监测和车型判定等
		环境监测	收集风速风向、地震波等数据并建立预警机制
		公路性能评价	在实时动态数据基础上,通过系统内置评价模型对路面等结构的服务水平与状况建立评价机制
		公路性能预测	分析处理实测路产结构性能数据,应用大数据分析技术建立性能模型,进而估算出各项结构性能指标的发展趋势
		养护决策支持	在结构性能预测结果基础上,为决策者提供合理养护时机、养护费用分配、养护对策建议等支持
		养护作业支持	对养护计划、养护合同、养护文件和图档、养护质量进行监督和管理,对外场养护数据进行采集、维护和储存,以及统计报表、综合查询等功能,对上级管理单位、相关管理者等提供养护信息发布服务
		工后管理	基于养护的历史数据,对养护类型、养护部位、养护费用等各项数据指标进行可视化展示
	运营安全	安全数据采集	包括对公路结构、交通情况、公路段环境等安全影响因素进行监测与数据采集
		安全状态评价与预测	在安全数据采集与分析基础上,对公路运营安全体系中存在的危险、有害因素进行辨识与定量分析,实时显示目前公路运营安全状况,并对安全状况进行预测,联合养护系统建立预警机制
		安全事故处置	完成公路安全事故数据的快速提取、分析和挖掘,为交通控制及事故处置系统提供决策服务支持,建立应急救援组织机构接警、信息报送和响应快捷流程,实现机电监控系统的联动控制和现场-远程事故处置的一体化体系

续表 5-2-1

平台名称	系统名称	模块	功能简介
公路专业数字化管理平台	路产管理	制度规章	包括资产管理制度、路政巡查制度、登记审批制度等
		档案管理	提供巡查日志、管理周报月报，以及赔偿类、处罚类等简易案件的管理工作
		路政巡查	以 GIS 技术为支撑，对路政巡查工作中发现的并排除路面障碍物以及针对损害路产进行登记、处理
		行政执法	包括线上行政许可管理、事故赔偿管理、事故联合救援等
	路产经营	收费业务	实现对收费站所有工作车道的硬件设备状态、收费操作信息、工作流程进度的实时、动态监控，并可以对特殊事件进行声光或图像、文字的报警显示
		稽查管理	建立智能电子稽查系统，从而实现自动识别恶性逃费车辆和假冒绿通车等逃费手段，提升逃费稽查管理的信息化、科学化水平
		争议记录	车辆收费、缴费争议案情全记录
		交通营销	针对交通量预测的交通流影响因素开展的交通流引导管理
		路产出租	链接企业综合信息管理系统，实现路产出租管理
		附属产业	附属产业的经营管理
	运营绩效	绩效计划	各个业务部门的绩效指标、绩效评价标准以及对应的责权利等
		数据配置	整理并导入各业务部门的绩效相关数据
		制度规章	绩效考核规则，包括人才培养、考核制度、奖惩制度、申诉制度等
		管理类绩效	管理部门在进行计划、决策、组织、控制、授权与协调等管理工作中的绩效考核
		生产类绩效	生产部门执行生产业务的绩效考核
	运营成本	财务管理	资金运作规划、资金支付财务报表、财监工作报告、财务审计报告、日常合并报表等相关管理
		合同管理	系统集成链接合同管理专业系统，数字化平台关联展现合同管理业务关键数据，实现合同管理业务全面数字化。
		预算管理	系统集成链接预算管理专业系统，数字化平台关联展现预算管理业务关键数据，实现预算管理业务全面数字化。
		税务管理	税务信息管理、税务事项管理、税务风险管理等
汇总	6	30	

5.3 公路专业数字化管理平台业务系统

公路专业数字化管理平台有统一的登录入口，由此进入平台主界面。在主界面有四大功能模块，一是 GIS 实时监控界面，即与运营安全系统对接的模块，用于实时掌握道路交通情况、路上工作人员分布、桥上安全事件以及处理情况；二是六大业务系统的菜单树以及登录入口，统一接入到数字化管理平台主界面，可以进一步进入系统、子系统进行操作，部分系统功能可以在数字化管理平台继续进行操作，部分系统功能出于功能集成和安全性考虑，需要通过系统菜单进入系统登录界面；三是企业业务数据展示界面，通过可视化图表对企业经营、收费、养护、安全、车流统计分析、节能等数据进行展示，便于管理人员清楚掌握企业目前的经营状态；四是用户操作界面，可以进行消息通知与消息处理、工作报告、密码修改与账号注销等操作。公路专业数字化管理平台主界面功能结构如图 5-3-1 所示。

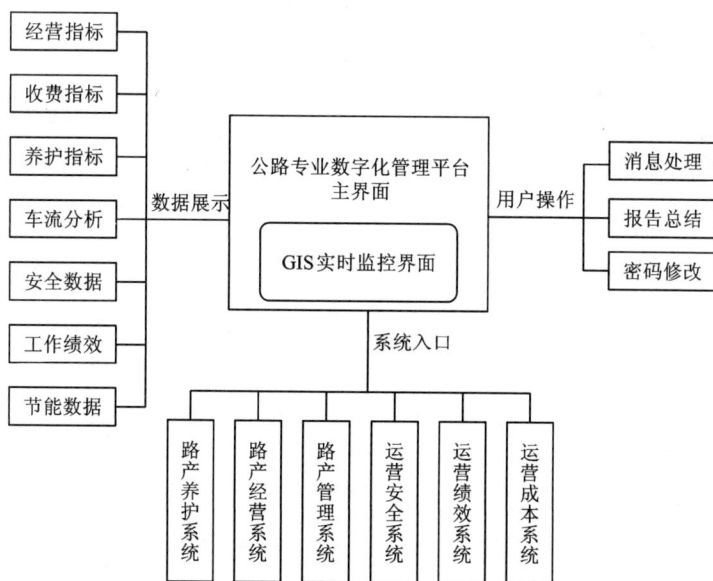

图 5-3-1 公路专业数字化管理平台主界面功能结构

5.3.1 路产养护系统

路产养护系统是通过汇集全面系统化的桥梁结构数据、全生命周期的建设养护数据、复合渠道来源的养护支撑数据，依靠可溯源、高质量的检查养护数据，多维度的统计分析和评估，智能优化的辅助分析决策，自动流程化的管理养护报表，为公路管养信息化提供专业多元化的养护系统。路产养护系统的总体要求包括两个方面：一是在技术方面做到覆盖全面、技术专业、手段先进、简洁实用；二是在管理方面做到协同合作、各司其职、任务清晰、档案归类。

路产养护系统通过集成、处理、分析养护数据，为养护业务提供信息支撑。公路路产养护业务包括制定养护对策、编制养护计划、组织养护实施、评价考核四部分。路产养护系统的功能需要与路产养护业务相匹配，并通过将平台与数字化移动终端关联，实现数据实时采集和传输。路产养护信息的来源丰富，包括路产数据库中的路产信息、物联网系统获取的结构监测信息、高清摄像机获取的路况信息、养护巡检发现的隐患和病害、气象监测系统和强震检测系统获取的信息等。在养护过程中形成的信息和资料最终以图片、文字、语音、视频等多种形式在平台上呈现，保证数据记录的效率和多样化。

路产养护系统一般包括技术子系统和管理子系统两部分。

技术子系统主要负责前端数据采集与数据传输，包括路产监测、交通监测、外部环境监测三个模块以及养护业务的数据反馈。按照预防性管理的要求，结合公路运营企业的特点，对公路交通设施、外部环境、交通状况、养护作业数据进行采集，并综合路产数据库的数据，得到养护管理所需要的全部数据信息。技术系统以硬件为主导，除路产数据库的既有数据外，其余数据需要通过传感器、公路段视频监控系统、外部数据整合、养护作业数据录入等方式进行采集，并通过以太网或5G、WLAN等方式传输并存储在数据库中。

管理子系统主要是通过对存储的数据进行处理、分析，获取路产状况和病害状况，为路产养护提供业务支持与决策支撑。管理子系统包括公路性能评价、公路性能预测、养护作业支持、养护决策支持、工后管理五个模块。公路性能评价是基于路产状况与病害状况，借助评价模型来进行的。路产状况包括路面性能、桥梁等关键结构物性能、机电设施等设备性能，一般用状况指数或性能指数来描述。病害状况包括病害数量、病害修复率以及病害位置标注。通过采用大数据分析技术对路产状况和病害状况进行预测，判断路产是否达到养护维修的临界点，并根据其所处的状态来做出养护决策，当达到临界点时，即制订养护计划，开展养护工作。养护作业支持旨在为日常保洁、小修养护、大修中修、应急抢修等养护工作提供工作标准、工作流程、注意事项、信息上报与审批、养护档案等；工后管理包含各类统计分析工作，即基于养护历史数据，对养护类型、养护部位、养护费用等各项数据指标进行可视化展示，为下一工作阶段的展开提供指导。

路基养护系统功能如图 5-3-2 所示。

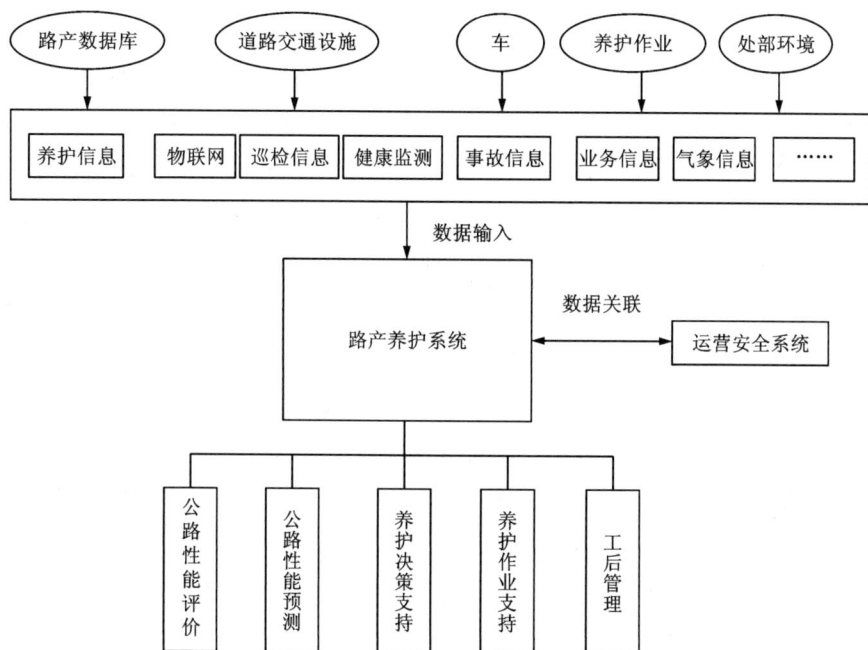

图 5-3-2　路产养护系统

5.3.2　运营安全系统

运营安全管理是指公路管理机构或公路经营单位对路产本体结构及公路范围内公路使用行为和一切业务生产作业行为的安全管理或监管，运营安全管理一般包括道路安全设施的完善和管理、路产结构安全监控、养护作业安全监管、交通安全监管和救援、安全应急体系的制定演练和指挥管理等。运营安全系统是服务于公路运营安全工作，优化运营安全管理业务流程，对运营安全管理决策进行有效支持的数字化系统。运营安全系统的功能主要包括公路运营安全数据采集、运营安全评价与预测以及公路安全事故处置。

公路安全数据采集主要包括交通信息监测、环境信息监测和公路关键结构状态监测、公路路面结构情况监测、对公路上工作人员地理位置和状态的监测、业务信息采集等。运营安全系统采集的监测数据与路产养护系统采集的数据具有同源性，两个系统之间可以实现数据关联与数据共享。公路安全状态监测数据在采集、存储后，可以利用统计分析和大数据处理技术对数据进行挖掘，实现对公路运营安全状况的评价与预测。安全评价反映公路安全状态，包括路产安全、交通安全、综合安全、危险识别四个方面，对公路运营安全进行全方位、动态化、综合性的评价。安全预测包括风险点预警和安全状态预测，覆盖交通、路产、人员等多方面。安全状况评价与预测既包括短期内对危险路段进行识别与预测，也包括对公路网的运营安全状态进行中长期预测，特别是重点标记公路路段上的安全隐患，进行实时动态跟踪、干预和管控，并给予事前管控和过程管控的预防性管理，能够较好体现公路运营安全管理的主动性等特点，是预防性管理理论的直接体现。

在事故发生后，需要迅速展开处置。运营安全系统需要对事故的响应处置全链条提供支持，通过传感器、摄像球、摄像枪、管理人员手持式移动设备等数据接口迅速识别事故并上报，避免延误事故救援工作。运营安全系统还需设置救援队伍呼叫与调度接口，便于快速实现路政部门、110、120、119、路面抢修等多个队伍的协同救援。系统还应链接公路沿线的安全广播、交通灯、电子可变情报板等，确保应急处置在时空范围中的最小化和所受损失的最小化，以便及时发布救援信息，开展救援指挥。

最后，对公路运营安全数据进行存储，形成开放的数据库，既能为事后分析提供必要的支撑，也能为系统的迭代优化提供支持。随着安全事件或事故案例的不断增加，数据库不仅可以有效提升系统预测和实时检测的可靠性，也可为后续安全事件或事故的精准化应急处置提供帮助。

运营安全系统功能如图5-3-3所示。

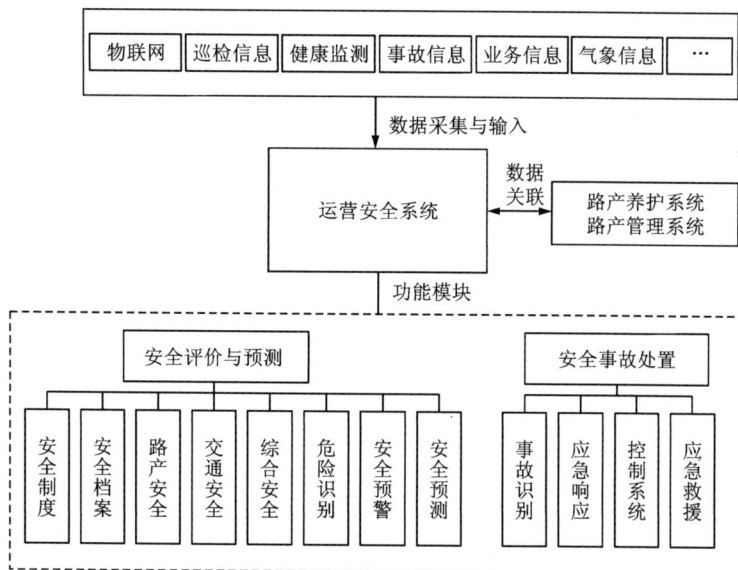

图 5-3-3　运营安全系统

5.3.3　路产经营系统

路产经营业务一般包括收费管理、稽查管理、争议记录、交通营销、路产出租、交通附属产业开发等内容。为实现路产经营业务的数字化，需要建立完整的数据获取、传输、处理、应用、展示的链条。路产经营数据主要包括收费数据、车流数据、大套数据、争议交易数据、投诉数据等，既包括历史数据，也包括系统实时获取的数据。路产经营数据可通过关联运营绩效系统(5.3.5 节)和运营成本系统(5.3.6 节)获取，路产经营产生的数据也可反馈到这两个系统。

在获取数据的基础上，路产经营数据的处理主要包括两方面。一是对数据做统计分析，采用绝对指标和相对指标来描述统计结果。绝对指标包括全线车流量统计、争议交易月度明细、全线收费年度总额等，相对指标包括车型车流及收费占比、非现金收费占比完成年度计划百分比等。在绝对指标和相对指标的基础上再利用统计学方法分析其趋势。二是采用大数据分析方法对数据进行深度挖掘，主要用于营运分析预测和路产精准营销，其中营运分析预测是指对公路运营企业未来的营运数据如车流量、收费额等进行预测，企业可以根据预测结果对养护管理、安全管理、临时作业等业务做出相应的调整；路产精准营销是分析公路运营企业潜在利润增长点，通过招车引流、精准投放广告等手段，创造更大的企业利润。

路产经营系统功能如图 5-3-4 所示。

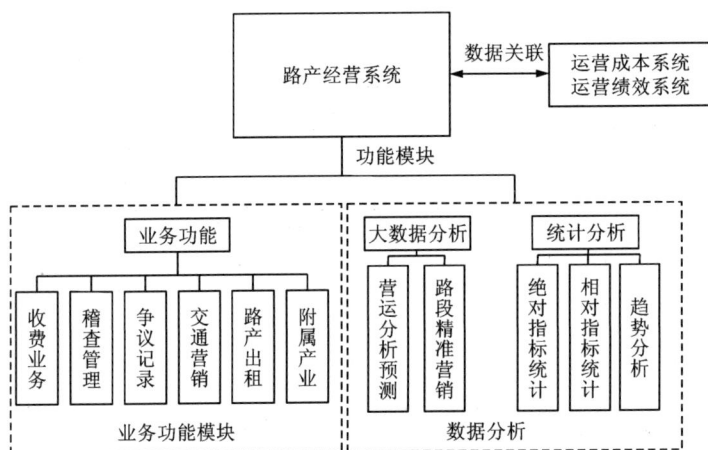

图 5-3-4　路产经营系统

5.3.4　路产管理系统

路产管理旨在维护公路运营质量，对公路使用、交通条件和环境因素进行监管，并依法保护公路红线范围内空间、结构物及设施不受侵占和破坏。路产管理主要包括内业管理、路政巡查、行政执法管理三部分内容，其中，内业管理包括档案管理和制度标准；路政巡查包括巡查记录和路障通知；行政执法包括出警登记、违章物登记、赔损登记、路产维权和案件管理。路产管理数据可通过关联路产养护系统和运营安全系统获取，同时，路产管理产生的数据也可反馈到这两个系统，以实现系统间的协同配合。

内业管理可以通过公路运营企业的 OA 系统实现，并通过将 OA 系统中产生的数据和信息上传到基于 WEB 的数字化管理平台，实现数据共享。路政巡查和行政执法管理通常需要到公路现场开展工作，要求配置相应的移动设备并需要监控中心等固定设备数字化系统的配合。移动设备主要包括对讲机、移动端 App、车载无线 4G 摄像头等，将获取的关键数据上传到路产管理系统，实时存档并处理。路政巡查模块需要实现路政车辆的定位、巡查路线规划、巡查计划管理以及巡查数据的录入、审核与处理等。巡查人员一旦发现违法事件，可以使用移动终端进入系统进行处理。此外，对于现场发现的路面障碍，也可通过数字化管理平台向路产养护部门提出清障要求，并及时准确地将业务情况通知相关单位进行处理。

路产管理系统功能如图 5-3-5 所示。

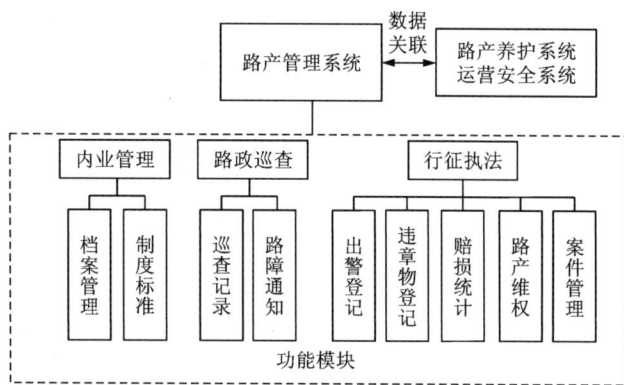

图 5-3-5　路产管理系统

5.3.5　运营绩效系统

运营绩效管理主要包括绩效计划制订、绩效数据配置、管理类绩效评价与考核，以及生产类绩效评价与考核。运营绩效管理的数字化转型旨在实现自动下达与收集绩效数据，自动开展绩效评价以及综合处理绩效评价与考核数据，为企业管理层提供决策支持。

运营绩效可分为管理类绩效和生产类绩效，分别对应于管理类岗位与生产类岗位。管理类绩效一般包括路产经营绩效、路产养护绩效、路产管理绩效、运营安全绩效、运营成本绩效和数字化管理绩效；生产类绩效主要包括收费业务绩效、票证业务绩效、监控业务绩效、路政业务绩效和后勤业务绩效。公路运营企业可根据自身需求对绩效内容进行适当的增删，以符合企业绩效评价与考核的要求。

运营绩效系统的数据来源主要是各类工作报表。公路运营企业通常采用分层级的绩效评价体系，根据组织架构设置不同的绩效评价方法，有条不紊地层层执行。如企业的经营班子是企业运营的直接指挥者，其管理效益由董事会和上级主管单位进行年度考评；经营班子负责考评各部门经理的管理效益，每季度考评一次；各部门经理直接负责部门内部班组组长的工作绩效考核，每月考核一次；班组组长直接负责组内成员的工作绩效考核，每月考核一次。上层级对下层级考核具有监督和纠错责任，以确保考核评价的公平、合理、有效。绩效考核指标与考核模型可以由企业综合管理部等相关部门来设定，数据则由系统自动输入与处理，确保评价的客观性与全面性。

经营绩效系统功能如图 5-3-6 所示。

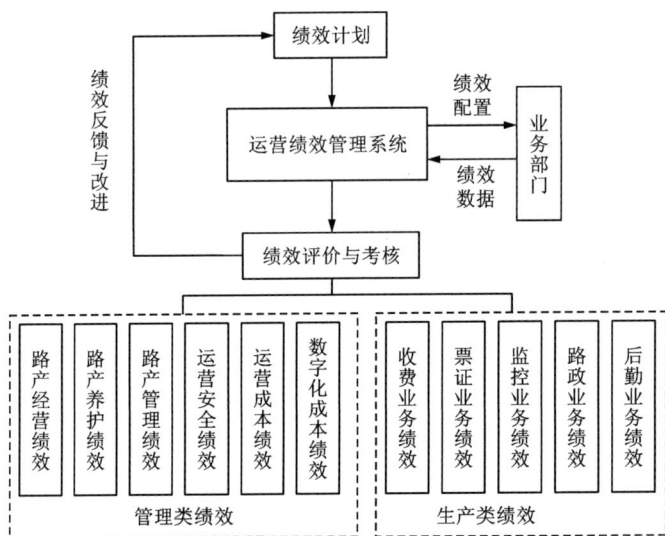

图 5-3-6　运营绩效管理系统

5.3.6　运营成本系统

运营成本管理的数字化除了一般意义上的成本管理业务的 OA 协助办公，更强调成本数据的采集分析以及对成本管理功能的集成。以成本管理网络为平台实现公路运营资金、成本的收集和统计工作，并进行科学有效的财务分析，开展成本绩效考核，实现对企业内部成本信息和数据的实时监督和控制。在此基础上，通过企业的财务管理信息化实现同银行、税务部门等第三方的联网，提高业务办理的效率，在提高服务水平、树立良好形象的基础上不断降低企业的行政管理成本支出。同时，在数字化管理平台的集成环境下，运营成本系统能够较好地实现成本预算管理、合同管理、财务管理和税务管理。

运营成本系统功能如图 5-3-7 所示。

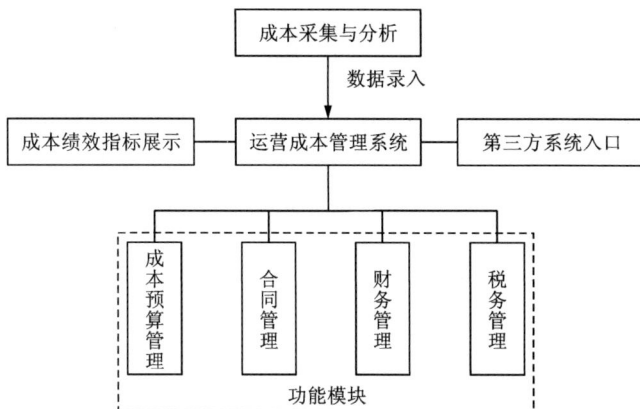

图 5-3-7　运营成本管理系统

第6章 公路专业数字化管理实践

6.1 企业概况

广州珠江黄埔大桥建设有限公司(以下简称"黄埔大桥公司")是经商务部批准,广州工商行政管理局登记、广州交通投资集团有限公司控股的境内与台港澳合资企业。公司筹划、设计、建设和经营了黄埔大桥高速公路及其配套设施。

黄埔大桥高速公路位于京珠国道主干线广州绕城公路东段,是经过国家批准的重大工程建设项目,公路全长7016.5 m,路面为双向八车道高速公路,设计速度为100 km/h,工程项目投资总额42亿,于2008年12月正式通车。黄埔大桥高速公路位于广州市东南部的经济产业带,是沈海高速和京港澳高速在广州并线的控制性工程,在国家的主干线公路网及广东省以及广州市的公路运输网中都占据重要位置。

黄埔大桥公司实行董事会领导下总经理负责制的独立公司经营管理模式。根据基本管理业务组建6个业务部门,分别是路产养护部、路产管理部、路产经营部、运营安全部、运营成本部、运营绩效部。各部门具体业务内容见表6-1-1。

表 6-1-1　黄埔大桥公司业务部门及业务内容

业务部门	业务内容
路产养护部	负责路产养护及工程管理，具体包括所有路产的养护及工程的计划、组织、执行、结算、验收及养护施工作业承包的管理、技术总结、科研创新等工作，下设机电信息中心，具体负责收费、通信、监控三大系统及供配电设备的管养、信息化工程建设与管理、健康与安全管理系统维护等工作
路产管理部	负责路权维护、路产管理、道路交通运行、安全巡查和稽查等工作，配合交警和执法部门开展交通执法和治理，部门下设置路政队
路产经营部	负责公司路产经营管理及收费管理、运营营销、交通规划、路产出租、收费站监控等工作
运营安全部	负责运营安全的监管以及公司的内保综治和消防管理工作，下设监控应急中心，具体负责收费监控、电子安全巡查、信息集成与发布、设备控制、应急指挥等工作
运营成本部	负责公司运营成本管理及计划预算管理、财务管理、会计管理、票证管理、证照管理、资金管理等工作
运营绩效部	负责公司运营绩效管理及人力资源、党群工作、培训宣传、行政办公、后勤保障、档案管理等运营绩效工作

黄埔大桥公司一贯致力于行业治理体系和治理能力现代化，努力塑造公路运营标杆企业，力图为交通行业可持续发展做出应有贡献。

6.2　公路专业数字化管理发展动力因素和历程

公路专业数字化是一个持续提升的动态过程，数字化与公路专业融合要根据建设经营环境的变化、竞争的动态性、数字化发展阶段、重大新技术应用等持续推进。黄埔大桥公司在技术和需求等动力因素的驱动下，动态地对公路专业数字化平台的各模块功能乃至平台整体架构进行不断升级，不断推进数字化管理的发展。

图 6-1-1 黄埔大桥实景

6.2.1 数字化管理发展的动力因素

6.2.1.1 需求拉动

任何公司都有追求更高效益的需要,当公路建设和运营在没有数字化技术支持下效率和效益不能满足预期,并且公路运营、养护以及业务管理效率达不到行业先进水平时,就会产生引入数字化管理并对数字化管理平台进行优化、升级以适应公司发展的需求。黄埔大桥公路专业数字化管理演进的需求拉动亦是如此,既来自行业快速发展的推力,也源自公司内部管理和业务的需要。虽然人们早就认识到数字化建设是"一把手工程",认为企业领导只要肯出费用,就是支持信息化工作,但并不清楚如何通过一把手来实现信息化工程。总结一些公路企业的数字化建设发展经验,可以看出有无管理者驱动大不一样。但一些企业数字化所走的弯路警示我们,数字化不只是"一把手"工程,还是一项全员工程,数字化实践成功的关键,是管理驱动和需求拉动。这里的管理者,不只是企业的一把手,还有各部门的负责人,以及相关业务的管理人员。黄埔大桥公司的公路专业数字化管理在公司总经理的带领下,各业务管理部门积极参与配合,不断产生管理需求,拉动公路专业数字化管理高质量发展。

6.2.1.2 技术推动

公路专业数字化管理的基础是各种功能的现代技术，如区块链、物联网、人工智能等，没有这些现代技术的支撑，专业数字化就失去了其最重要的部分。同样，技术的进步也在推动着平台的演进，尤其是平台的智能化程度主要受制于新技术的应用和发展。而平台集成化程度更需要以现代计算机技术、通信技术以及网络技术的融合为基础，围绕着企业内部网、外部网和集成化系统的活动，才能拓宽公路专业数字化管理的边界，丰富和深化公路专业数字化的内容。在黄埔大桥公司公路专业数字化管理发展中，数字化技术的影响主要体现在以下三个方面：①信息技术进步导致专业数字化所依赖的各类硬件，如数字摄像机、半导体芯片、计算机、桥梁健康检测传感器等硬件产品价格以及信息通信费用的持续下降，从而极大地刺激了公司对信息技术资本的投入；②在信息技术投资品和信息通信费用迅速下降的同时，信息技术投资品，无论是硬件设备、还是软件和网络设施的质量和性能都得到了大幅度改善；③面向公路专业数字化不同需要的各种新技术不断出现，这些新技术的持续创新既扩大了信息技术在企业中的应用范围，而且也使得技术的投入产出效率得到持续的改进，从而推动了公路专业数字化的不断深入发展。

6.2.2　数字化管理发展阶段

6.2.2.1 分散式信息化平台阶段

分散式的信息化平台是在黄埔大桥公司的公路专业数字化管理平台中最开始使用的信息化辅助管理平台。分散式信息化平台的特点是不同部门、不同业务各自使用不同的信息化软件，信息化平台体量小、维护简单，便于相应的部门使用。在公路运营管理中，分散式信息化平台的应用表现为不同路段、不同业务部门分别有各自的信息化系统，各个系统之间有一定的关联，系统之间可以进行数据传输但不能对数据进行统一管理。平台之下的各个子系统是相对分散和独立的，每个子系统都有自己的登录地址和用户名密码，用户在使用过程中容易出现忘记系统登录地址或者用户名密码的情况。此外，虽然这种分散式的信息平台对各个路段和不同业务部门的管理有较大的辅助作用，但集成化程度较低，没有打破信息孤岛，难以实现公路运营业务的协同管理。

6.2.2.2 表示集成数字化平台阶段

表示集成是为了向数字化平台的使用者提供一个企业应用的统一门户，实现组织内外部人员之间的沟通、协作和信息共享，提高组织生产力。黄埔大桥公司在表示集成数字化平台阶段，实现了公路运营系统在形式上的集成。六大公路运营业务部门能够通过统一门户进入，不同路段也可以将其系统登录入口分类之后全部放到表示集成平台之上，不同的路段和业务部门只需要记住表示集成数字化平台的门户网址，加上用户名和密码就可以登录并进入对应权限的板块。通过表示集成数字化平台，使公司的应用系统由以前的接口串联集成转变为拓展的表示集成，使系统功能的呈现更具有直观性和整体性。此外，公司中高层管理人员可以更方便地访问各个系统中的信息，获取更为整体、全面的决策信息。通过将已有的老系统在不改变其原有业务逻辑和表示逻辑的基础之上集成，为系统建立了新的公共用户界面，用户界面的集成是低风险和低代价的，技术成熟且容易达到目标。但该阶段仅仅统一了用户界面，并非是系统的实质性整合。

6.2.2.3 数据集成数字化平台阶段

黄埔大桥公司是对采集的业务数据进行深层次的挖掘和分析处理，实现各个子系统之间数据的互联互通，有效地消除信息孤岛，并将数据存储到统一的数据库中，方便进一步的数据分析，为经营管理决策部门提供智能化的决策支持，即进入数据集成数字化平台的阶段。公路既有的计算机系统(如收费、监控系统)中已采集到大量的历史数据，如 OD 及断面车流量、收费额等。这些基础数据是各业务部门和企业经营管理决策的基础和依据，如收费还贷计划、成本/效益分析、养护维修计划及经营发展目标计划的制定等。表示集成数字化平台阶段中的问题是原有系统设计时没有考虑到这些高层应用功能，甚至也没有建立相应的数据库，更谈不上地区路网内的数据交换和资源共享。因此，公路运营管理系统要解决的是数据集成的问题，如通过不同系统平台间互联，进行业务数据采集和挖掘，并设计相应的数据分析、查询处理功能，以便于管理者能够从海量数据中提取相关的信息，并进行管理决策。所以，在公路数字化平台建设过程中，在实现信息共享和集中后就是利用数据仓库和 OLAP（联机事务处理）等相关技术，实现数据挖掘和分析，适时供给决策者准确无误的数据。在相应的辅助决策系统的支持下，让公司管理者能够直接利用系统的信息资源进行决策。

在数据集成数字化平台阶段,实现了将公司数据在各个被集成的子系统中的共享和自动调用,将用户关心的数据在平台上展示,避免了使用者在使用过程中查找数据困难,为公路运营的协同管理、大数据分析、统计分析等奠定了基础,使得整个公路运营数字化平台能够以最小的代价高效率地使用数据。

6.2.2.4 控制集成数字化平台阶段

在数据集成平台的基础上,黄埔大桥公司进一步实现了控制集成的数字化平台,作为对数据集成的补充。由于数据集成侧重于对数据的表达、转化、传输和存储,在一定程度上消除了信息孤岛的问题,但是从整体性和协同性上来看,整个平台的集成化程度还需要进一步提高。数据之间的传输受到数据库检索能力和传输带宽的限制,另外,对于数据的使用需要跨库对数据进行调用,即先将数据转移到本地再对数据进行进一步的分析处理等操作。因此,在控制集成阶段实现了功能集成和应用集成,可以借助远程过程调用或远程方法调用、面向消息的中间件等技术实现业务逻辑层次的集成。黄埔大桥公司的控制集成数字化平台之下有许多模块,这些模块的数据可以互通,并且,在权限的控制之下,某一模块的工具可以被另一模块或高权限管理员调用和操作。从分散式信息化系统的观点来看,这相当于跨系统进行功能操作,被调用系统能提供工具,调用系统能使用被调用系统的工具。数据存储和平台软件采取集中式设计,则能够更方便地达到控制集成的目的,从而免去了平台下模块的各种接口。

6.3　公路专业数字化管理平台开发与应用

黄埔大桥公司在专业数字化管理发展过程中,基于本质安全管理、"三巡两检一控制"等原理开发完成公路运营安全管控平台,为公路运营综合安全管控提供了全方位保障。同时,基于预防性管理理论、公路建养"四个一体化"管理和全资产、长寿命管理方法,开发了公路建管养数据平台,实现了公路建设到养护作业和检测、分析、决策、档案全过程本质要素的管理。随着数字化技术的不断进步和业务发展需求的提高,分散的平台不再能够满足公司管理的要求,因此,黄埔大桥公司基于专业数字化管理体系和原理开发了公路专业数字化管理平台,将公路运营安全管控平台和公路建管养数据平台集成到了统一的平台当中,实现了运营安全、路产养护、路产经营、路产管理、运营成本和运营绩效等具体业务内容及方法的集成管理。以下具体介绍这三个平台的开发和应用。

6.3.1 公路运营安全管控平台

公路运营安全管控平台开发是在系统性思维的指导下，运用了资产数字化管理的数据字典技术、信息单元技术、地理信息技术、大数据处理等技术，符合安全生产法、公路安全管理条例、公路路产管理条例的规定。在运营安全管控平台中所涉及的安全是指一切违反公路本体结构及其运行条件与运行环境的安全条件和因素。

6.3.1.1 平台业务模块

公路运营安全管控平台集成公路综合安全管理，结构、环境监测，消防、电能控制等一切与安全有关的要素并进行数据化、标准化、字典化，开发了包括综合安全管理系统、违规运输管理系统、环境监测系统、结构监测系统、用电监测系统、危化监测系统、安全档案管理系统等专业管控系统，实现了安全事件发现、处置、分析、档案全过程管理和与安全事件相关的人、事、物的"本质要素"全面监管。用户在平台界面执行以下操作，掌握公路安全运营情况：

（1）在安全统计模块查看安全统计趋势图信息，并且通过点击各个事件类型统计数值，查看该类型细分后的事件级别统计柱状图。

（2）在事件统计模块，查看事件主动发现率、事件响应时间、平均处理时间。

（3）在结构监测模块，通过切换不同页签，查看温湿度、桥梁索力、桥梁位移、桥梁应变等最新信息。

（4）在事件监测模块，以轮播图形式切换事件信息，支持查看上一张或下一张，同时支持点击跳转到道路运营安全系统事件详情页面。

（5）在危运监测模块，按日、月、年查询危运统计趋势图。

（6）在 GIS 地图模块，显示实时路况、公里桩号；在 GIS 地图左上角显示主桥车流量滚动信息及风速风向信息，右上角显示环境监测、设备监测及人员监测信息框；右下角显示"显示热力图"开关，可在地图中显示/隐藏热力图。

（7）系统首页底部，模拟路段平面图，将交通信号灯以可视化方式展现在模拟图上，实时反馈交通灯状态信息并展示南北行区间平均车速及当日车流量信息，如图 6-3-1 所示。

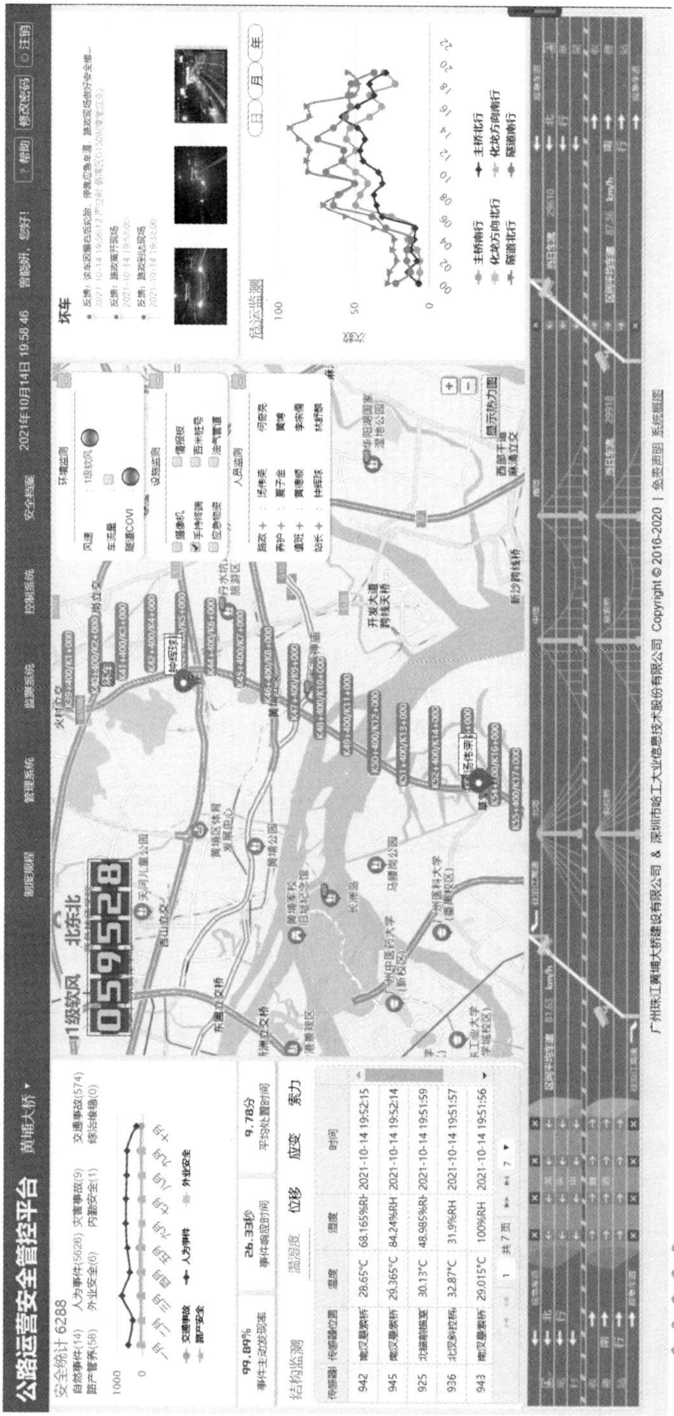

图 6-3-1　运营安全管控平台界面

扫一扫，看彩图

6.3.1.2 平台功能设计

公路运营安全管控平台按照信息单元技术进行平台各专业系统模块的划分，平台功能模块如表 6-3-1 所示，以公路运营管理体系中的安全子系统的内容和管理方法为基本设计依据，形成层级化、集成化、标准化的系统结构，系统结构设计遵循"规范性、友好性、经济性、扩展性、实用性、可靠性"等信息系统结构设计原则。系统基于 GIS 地图构建"可视、可控、可调度、可追踪、可分析"的全新安全运营指挥调度模式，按照安全应急预案中所有应急事件的分类描述，确定响应级别及处置预案，实现了特情处理的智能化调度，并将各种应急调度资源有效整合，优化调配，充分彰显了安全管理系统的强大功能。

表 6-3-1　公路运营安全管控平台功能设计

平台名称	系统名称	专业系统（模块）	功能简介
运营安全管控平台	安全管理系统	综合安全	系统是以公路运营安全管理体系的内容和管理方法为基本设计依据构建、开发的项目级信息管理系统，系统基于 GIS 地图构建"可视、可控、可调度、可追踪、可分析"的全新安全运营指挥调度模式，实现智能化指挥调度
		违规运输	系统主要实现公路"超限车辆劝返""凌晨 2 时至 5 时营运客车劝返"等公路桥梁违规运输事件管理功能，为行政执法提供管理数据
	安全监测系统	结构监测	系统实现公路(桥梁)重点结构和关键部位的灾变监测功能，监测数据主要包括桥梁位移、桥梁应变、桥梁索力、温湿度等结构安全要素监测数据
		用电监测	系统实现了公路(桥梁)中压供配电系统的设备监测功能，保障电气设备运行的安全、稳定与高效，大大降低了电力故障对公路运营的影响
		环境监测	系统实现了公路(桥梁)道路状况、交通设施、地物地貌等交通环境数据的监测功能
		危化监测	系统实现了公路(桥梁)风险区域内危化品运输车辆的数据监测功能，为公路桥梁运营安全管理提供基础数据
		气象监测	系统实现了公路(桥梁)气象环境数据监测功能，主要监测包括风速风向、雨量等气象数据，并基于气象环境数据与公路运营管理进行关联分析与安全出行诱导

续表 6-3-1

平台名称	系统名称	专业系统（模块）	功能简介
运营安全管控平台	安全控制系统	消防控制	系统实现公路(桥梁)消防设施远程监测、控制一体化管理功能的集成，为公路(桥梁)运营消防安全提供设施保障
		电能控制	系统实现公路(桥梁)电力设施的运维、控制管理功能的集成，保障公路(桥梁)电力系统安全、稳定运行
		信号控制	系统实现公路(桥梁)通行车流信号控制功能的集成，有效减少交通拥堵
		声控控制	系统实现公路(桥梁)安全事件发生后的应急广播功能的集成，提高应急救援效率
	安全档案管理系统	安全档案	通过安全管控平台各系统数据的高度关联，实现公路(桥梁)运营安全管理档案的自动生成，为桥梁运营安全提供全要素的安全档案资料

公路运营安全管控平台实现的管理功能包括信息数据的相互关联、历史追溯、统计分析、管理性共享及管理性拓展等，详见表 6-3-2。

表 6-3-2　公路运营安全管控平台管理功能

相互关联	历史追溯	统计分析	管理性共享	管理性拓展
a.事件类型与事件级别； b.事件级别与处置预案； c.安全巡检与应急响应； d.中心调度与多级联动； e.安全监控与安全报告； f.事件统计与事件分析； g.安全评价与安全分析； ……	a.事故责任； b.巡检责任； c.安全监管责任； d.安全应急方案； ……	a.事故情况统计分析； b.事件情况统计分析； c.事故分析报告； d.事件总结报告； e.安全总结报告 ……	a.养护巡检与安全巡检； b.结构安全与运营安全； c.环境监测与运营安全； d.实时路况与安全监控 ……	a.事件监控管理拓展至运营安全管理； b.运营安全管理从项目级拓展至区域级； c.项目级运营安全统计分析拓展至区域级运营安全统计分析； ……

6.3.1.3 平台权限管理

为保证公路运营安全管控平台的正常运行，实施用户权限控制，对系统用户、操作权限进行动态管理，用户菜单支持角色定制，与用户无关，避免因人设岗。平台管理员对每位操作员采用严格的账户密码管理制度，规定每位操作员只能在角色权限范围内操作，而不能越级操作查阅。同时，每位操作员的密码必须定期更换，以免被窃取。

(1)机电信息中心的网络管理员、信息系统管理员、监控系统管理员具有查看全平台数据，查询和编辑 GIS 地图、应急组织(应急小组、机构成员)、公司组织(公司部门、公司员工)、用户管理(用户管理、角色管理)、APK 管理(安卓更新)的权限，保障平台的正常运行。

(2)路产经营部稽查员、运营安全部主任、监控中心班长、领导班子具有查看全平台数据，编辑除应急组织、公司组织、用户管理外所有模块的权限。

(3)路产养护部经理、路桥工程师、路产管理员、笔村站站长、安全部管理员具有查看物资仓库字典、子仓库字典，查看和编辑 GIS 地图、物资类别字典、物资信息字典、事件启动、事件列表、事件审核、路政巡查、养护巡查、事件统计、事件分析、形势分析、安全档案的权限。

(4)公司各部门员工具有查看 GIS 地图、事件启动、事件列表、安全档案，以及查看和编辑路政巡查、养护巡查、事件统计、事件分析、形势分析的权限。

6.3.2 公路建管养数据平台

公路建管养数据平台开发依据预防性管理理论及目标实现原理，运用数据字典技术、信息单元技术、地理信息技术、大数据处理技术，满足养护技术规范，养护质量评定标准和"三四一体化"管养技术和一桥一档、维修闭合等养护管理要求。

6.3.2.1 平台业务模块

公路建管养数据平台，包含了平台的管理系统、控制系统、监测系统，此外还包含路产库、制度库、图文库、合同管理等业务模块。

系统首页包含七大部分：GIS 地图、待办事项、任务单统计、病害统计、病害趋势图、专项工程统计、专项工程进度。如图 6-3-2 所示，用户通过平台界面掌握建管养的关键信息。

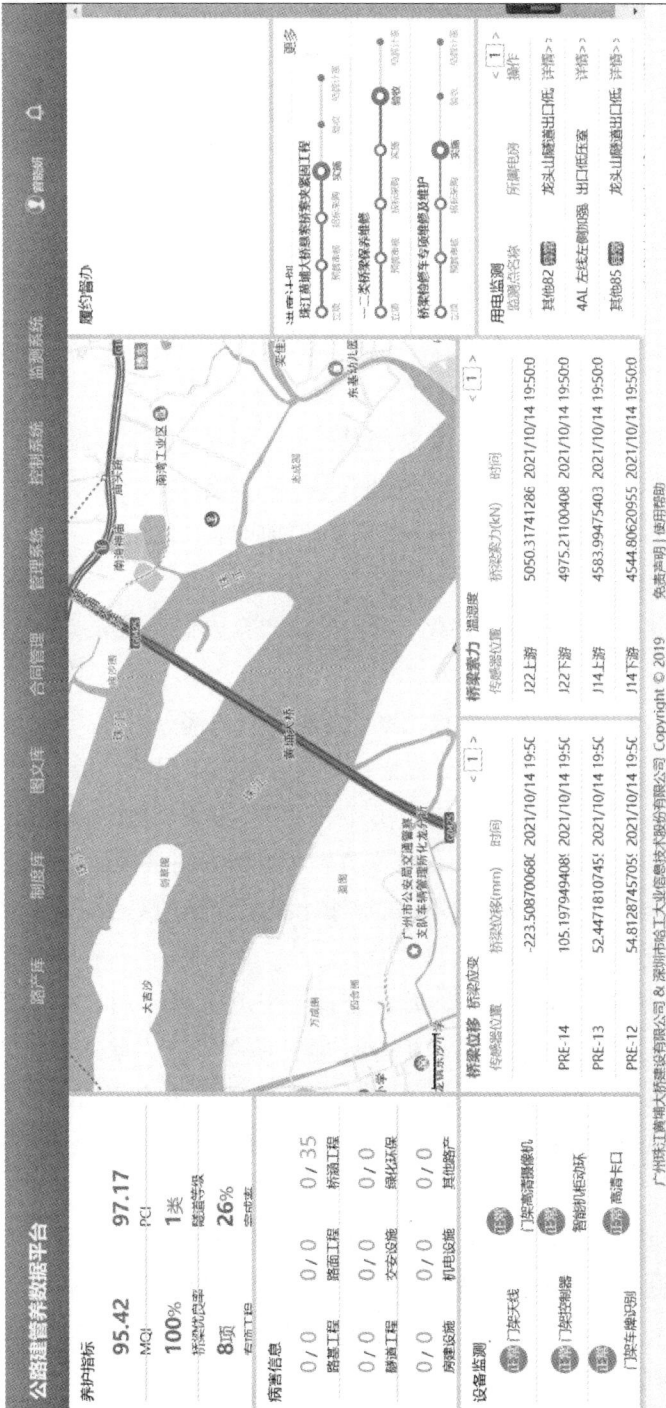

图 6-3-2　建管养数据平台界面

GIS 地图会显示出系统录入的主线桩号信息和日常检查未修复的病害信息；待办事项主要显示当前登录用户的待办任务单和病害；更多待办事项页面点击"处理"按钮能对待办事项进行进一步的处理；任务单统计主要是显示当前任务单的总体概况，分别显示出待施工、待审核、已审核任务单的具体个数；病害统计主要是显示当前病害的状态统计，分为未修复、修复中、已修复 3 种状态；监控监测显示监控监测系统中传感器监测到的桥梁位移、桥梁应变、桥梁索力、温湿度等信息；专项工程统计主要统计出当前专项工程的总体概况，分别统计显示出总数、已完成、计划完成的专项工程个数；专项工程进度主要显示出最近 8 个专项工程的进度。

平台路产库模块按路产结构划分，包括路基工程、路面工程、桥涵工程、隧道工程、交安设施、绿化环保、房建设施、机电设备、其他路产 9 个专业的路产管理子单元，各子单元模块的路产养护和路产工程功能内容一致，以实现管理标准、内容、方法、格式的可复制化。

平台制度库模块接入公路专业数字化平台中的路产养护制度规章模块，可查阅路产养护制度规章。

平台图文档模块包含影像档案、建设档案和养护档案三部分内容。影像档案采用录音、录像和图片格式，按照记事形式记录每天发生在工程项目中的主要事件，包括技术研讨、方案评审、阶段性进度、重要活动等；建设档案是指工程建设竣工档案，可以直接嵌入建设工程图文信息文件；养护档案则是按照养护规范、养护工程招投标及国检要求建立养护共同路产养护档案，养护档案信息数据连接来自路产养护管理系统采集和生成的信息数据。

平台养护专项模块包含流程管理、质量管理、变更管理。用户根据项目实际进展，在流程管理页面操作管理养护专项项目所处节点、状态；用户在养护专项实施过程中，在质量管理页面上传各类安全质量检查报告；在养护专项涉及变更时，在变更管理页面填写变更意向、变更申请、变更令、变更通知书。

平台路产建造模块包含流程管理、质量管理、变更管理。用户根据项目实际进展，在流程管理页面操作管理路产建造项目所处节点、状态；用户在路产建造实施过程中，在质量管理页面上传各类安全质量检查报告；在路产建造涉及变更时，在变更管理页面填写变更意向、变更申请、变更令、变更通知书。

小修保养归档模块记录各类型路产的保洁保养、维护维修、养护巡检工作，填写各项工作的检查验收结果评定表。

平台模块可选择进入结构监测系统、用电监测系统、环境监测系统、危化监测系统、气象监测系统、消防控制系统、电能控制系统、信号控制系统、声控控制系统。

检测评价归档模块记录定期检测、专项检测、质量评价的结果数据，并导入检测的各项指标数据，为后续的检测数据统计分析提供数据源。

分析决策归档模块记录数据分析、健康评估、资产评估结果文件；在线编辑、导出资产养护形势报告。

6.3.2.2 平台功能设计

公路建管养数据平台按照信息单元技术进行平台各专业系统模块划分，平台功能模块如表 6-3-3 所示。系统的建立，一是规范路产养护作业和作业管理的各项工作，依法、依规履行养护责任；二是提高养护工作效率，降低养护成本；三是及时发现和规范处置结构的早期病害，确保路产结构安全，避免路产结构发生危险；四是通过系统功能的有效发挥，分析路产结构病害的特征、规律，制订精准养护方案和经济合理的维护计划等。以日常检查、经常检查、定期检查、特殊检查和健康监测数据采集为基础在"四个一体化"管理方法指导下开发的公路建管养数据平台，实现了管理信息数据利用的五大功能，如表 6-3-4 所示。

表 6-3-3   公路建管养数据平台功能设计

平台名称	系统名称	专业系统（模块）	功能简介
公路建管养数据平台	路产库	路产库	系统将公路路产分为路基、路面、桥涵、隧道、交通安全设施、绿化环保、机电设备、房建设施、其他路产九个路产管理子单元，各子单元模块的路产养护和路产工程功能内容一致，实现了管理标准、内容、方法、格式的可复制化
	制度库	制度库	系统接入公路专业数字化平台中的路产养护制度规章模块，可查阅路产养护制度规章
	图文库	图文库	系统对公路工程项目的影像档案、建设档案、养护档案进行归档，具体包括技术研讨、方案评审、阶段性进度、重要活动、建设工程等图文信息
	合同管理系统	合同登录	系统集成接入"养护计量系统"的"养护合同基础信息"功能
		计量支付	系统集成接入"养护计量系统"的"养护计量管理"功能
		进度计划	系统提供项目进度台账管理功能，实时展示项目合同执行进度情况
	公路全资产建管养系统	路产库	系统将公路路产分为路基、路面、桥涵、隧道、交通安全设施、绿化环保、机电设备、房建设施、其他路产九个路产管理子单元，各子单元模块的路产养护和路产工程功能内容一致，实现了管理标准、内容、方法、格式的可复制化
		合同管理	系统集成接入"养护计量系统"的"养护合同基础信息"功能
		路产建造	系统对路产建设过程进行流程管理、质量管理、变更管理。流程管理是指用户可查看或操作路产建造的节点信息和状态；质量管理是管理路产建造实施过程的各类安全质量检查报告；变更管理集成接入"养护计量系统"的"养护变更管理"功能

续表 6-3-3

平台 名称	系统名称	专业系统 （模块）	功能简介
公路建管养数据平台	公路全资产建管养系统	小修保养	系统归档记录各类型路产的保洁保养、维护维修、养护巡检工作，系统管理常规作业、特别维修、检查验收等养护记录
		养护专项	系统对养护专项过程进行流程管理、质量管理、变更管理。流程管理是指用户可查看或操作专项的节点信息和状态；质量管理是管理专项实施过程的各类安全质量检查报告；变更管理集成接入"养护计量系统"的"养护变更管理"功能
		检测评价	系统归档记录定期检测、专项检测、质量评价的结果数据，并导入检测的各项指标数据，为后续的检测数据统计分析提供数据源
		分析决策	系统归档记录健康评估结果、资产评估结果数据，并根据模板自动提取养护单位上个季度的养护巡查、作业记录数据至形势分析模板中，并支持在线编辑、导出资产养护形势报告
		图文档	系统对公路工程项目的影像档案、建设档案、养护档案进行归档，具体包括技术研讨、方案评审、阶段性进度、重要活动、建设工程等图文信息
		技术状况	系统实现公路技术状况 MQI 数据值的管理及技术状况统计
	控制系统	消防控制	系统实现公路(桥梁)消防设施远程监测、控制一体化管理功能的集成，为公路运营消防安全提供设施保障
		电能控制	系统实现公路(桥梁)电力设施的运维、控制管理功能的集成，保障公路(桥梁)电力系统安全、稳定运行
		信号控制	系统实现公路(桥梁)通行车流信号控制功能的集成，有效减少交通拥堵

续表 6-3-3

平台名称	系统名称	专业系统（模块）	功能简介
公路建管养数据平台	控制系统	声控控制	系统实现公路(桥梁)安全事件发生后的应急广播功能的集成，提高应急救援效率
	监测系统	结构监测	系统实现公路(桥梁)重点结构和关键部位的灾变监测功能，监测数据主要包括桥梁位移、桥梁应变、桥梁索力、温湿度等结构安全要素监测数据
		用电监测	系统实现了公路(桥梁)中压供配电系统的设备监测功能，保障电气设备运行的安全、稳定与高效，大大降低了电力故障对公路运营的影响
		环境监测	系统实现了公路(桥梁)道路状况、交通设施、地物地貌等交通环境数据的监测功能
		危化监测	系统实现了公路(桥梁)风险区域内危化品运输车辆的数据监测功能，为公路运营安全管理提供基础数据
		气象监测	系统实现了公路(桥梁)气象环境数据监测功能，主要监测包括风速风向、雨量等气象数据，并基于气象环境数据与公路运营管理进行关联分析与安全出行诱导
汇总	7	24	

表 6-3-4 公路建管养数据平台管理功能

关联功能	历史追溯	统计分析	管理性共享	管理性拓展
a. 检查与病害维修； b. 检查与评价； c. 维修与计划； d. 维修与统计； e. 病害与统计； f. 统计与分析； g. 评价与分析； ……	a. 检查责任； b. 结构病害； c. 维修方案； d. 工程责任； ……	a. 检查情况； b. 病害情况； c. 维修情况； d. 事故情况； e. 养护投入； ……	a. 病害数据与耐久性分析； b. 结构安全与运营安全； c. 养护成本与运营成本； d. 养护评价与运营绩效； ……	a. 养护系统管理拓展工程全寿命管理； b. 路产单元从项目级拓展至区域级； c. 项目养护统计分析拓展至区域统计分析； ……

6.3.2.3 平台权限管理

为保证公路建管养数据平台的正常运行，实施用户权限控制，对系统用户、操作权限进行动态管理，用户菜单支持角色定制，与用户无关，避免因人设岗。平台管理员对每位操作员采用严格的账户密码管理制度，规定每位操作员只能在角色权限范围内操作，而不能越级操作查阅。同时，每位操作员的密码必须定期更换，以免被窃取。平台角色权限控制管理规则如下：

（1）机电信息中心的网络管理员、信息系统管理员、监控系统管理员具有查看全平台数据，查询和编辑角色权限管理、用户管理、单位管理、组织机构、系统设置的权限。

（2）养护部经理、路桥工程师、造价工程师具有查询和编辑路产库、制度库、图文库（影像档案、建设档案、养护档案）、公共基础信息（主线、互通立交、服务区、收费站、管养基地）、公共基础字典、字典库、养护巡检、小修保养、检测评价、分析决策，查看安全监测系统，控制系统的权限。

（3）路产养护部、路产管理部内勤人员具有查询和编辑路产库、制度库、图文库（影像档案、建设档案、养护档案）、公共基础信息（主线、互通立交、服务区、收费站、管养基地）、公共基础字典、字典库、查看安全监测系统，控制系统、养护巡检、小修保养、检测评价、分析决策的权限。

（4）公司各部门员工具有查看路产库、制度库、图文库（影像档案、建设档案、养护档案）、公共基础信息（主线、互通立交、服务区、收费站、管养基地）、公共基础字典、字典库的权限。

6.3.3　公路专业数字化管理平台

在公路运营安全管理平台和公路建管养数据平台开发完成之后，公司基于数字化管理的发展需求，进一步开发了公路专业数字化管理平台，用新一代的信息技术手段实现了路产养护、路产经营、路产管理、运营安全、运营成本、运营绩效等具体运营业务内容及方法的集成管理。平台以数据字典技术、信息单元技术、地理信息技术、信息耦合技术为支撑，按照数据字典的编码规则，利用路产中心数据库和运营业务信息、物联网和移动互联，构建全资产数字化管理模型和运营管理数据化管理模型，实现了公路运营全业务、全要素的数字化管理。通过公路专业数字化管理平台界面公司内部可以链接公路运营安全管控平台、公路建管养数据平台、黄埔大桥综合信息管理系统，对外可以链接公司的门户网站和集团综合信息管理系统，实现了公司内部管理和对外联系的数字化。

6.3.3.1 平台业务模块

公路专业数字化管理平台首页展示了关键的数字信息，用户通过平台主界面可查看经营指标、收费指标、养护指标、地图、主桥断面车流、车流车速、运营安全、运营绩效、运营节能等数据，数字化管理平台界面如图 6-3-3 所示。

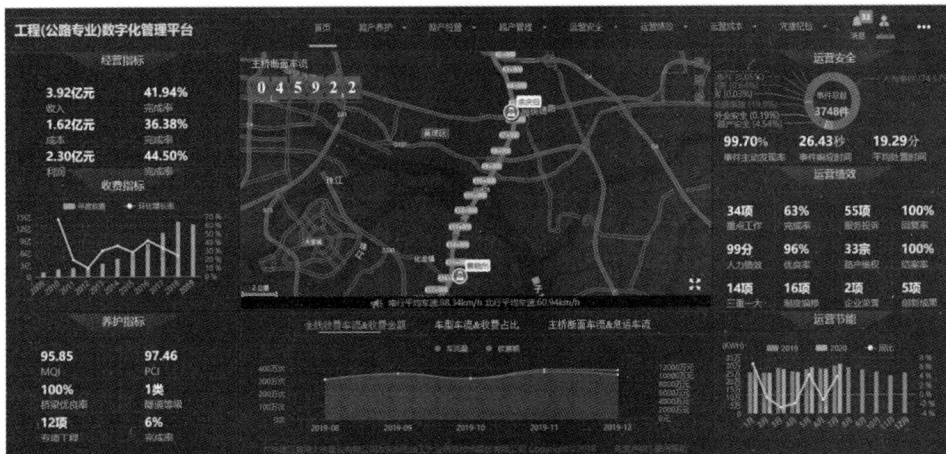

图 6-3-3　公路专业数字化管理平台界面

平台集成了路产养护、路产经营、路产管理、运营安全、运营绩效、运营成本模块。路产养护模块包含制度规章、健康监测、电力监控、管理系统、强震监测、数据配置。路产经营模块包含制度规章、路产出租、形势报告、经营数据、数据配置、数据导入。路产管理模块包含制度规章、路产管理、路权维护、数据导入。运营安全模块包含制度规章、环境监控、结构监控、车辆监控、设备监控、安全统计、管理系统。运营绩效模块包含制度规章、本级绩效、上级考核、对外公开、国检省检、综合办公、数据配置、数据导入。运营成本模块包含制度规章、合同管理、财务管理、成本体系、预算管理、税务证照、数据导入。

6.3.3.2 平台功能设计

开发公路专业数字化管理平台，按照信息单元技术将平台划分为路产养护、路产经营、路产管理、运营安全、运营绩效、运营成本、党建纪检等系统。路产养护数字系统集成了路产养护业务制度规章、养护指标、专项工程等关键业务数据的录入、分析、展现功能，实现路产养护业务的数字化管理；路产经营数字系统集成路产经营业务制度规章、收费经营、形势报告等关键业务数据的录入、分析、展现功能，实现路产经营业务的数字化管理；路产管理数字系统集成了路产管理业务制度规章、路产管理、路权维护等业务数据的录入、分析、展现功能，实现路产管理业务的数字化管理；运营安全数字系统集成运营安全管理业务制度规章、安全统计等关键业务数据的录入、分析、展现功能，实现运营安全业务的数字化管理；运营绩效数字模块集成了绩效考核制度规章、员工绩效考核、国检省检考核等关键数据的录入、分析、展现功能，实现运营绩效考核业务的数字化管理；运营成本数字模块集成财务管理业务制度规章、财务管理、税务证照、成本管理等关键财务数据的录入、分析、展现功能，实现运营成本体系数字化管理；党建纪检数字系统集成了党组织建设、党务公开规章制度、廉政建设、大桥先锋、组织生活、学习教育等各项党建纪检业务关键数据的录入、分析、展现功能，实现党建纪检工作的数字化管理。各系统中包含的专业系统（模块）功能如表 6-3-5 表所示。

表 6-3-5　公路专业数字化管理平台功能设计

平台名称	系统名称	专业系统（模块）	功能简介
	路产养护	健康监测	该功能模块集成结构监测专业系统，实现桥梁重点结构和关键部位的灾变监测功能，监测关键数据主要包括桥梁位移、桥梁应变、桥梁索力、温湿度等结构安全数据
		强震监测	该功能模块实现桥梁震动数据的采集、显示、预警
		电力监控	该功能模块链接电力监控系统，实现公路（桥梁）各电力设施运行数据的采集、显示、预警
		管理系统	该功能模块链接公路建管养数据平台
	路产经营	路产出租	该功能模块链接黄埔大桥综合信息管理系统，实现路产出租管理

续表 6-3-5

平台名称	系统名称	专业系统（模块）	功能简介
	运营安全	环境监控	该功能模块实现了桥梁道路状况、交通设施、地物地貌等交通环境数据的监测功能
		车辆监控	该功能模块链接高速公路高清安全监控视频系统
		结构监控	该功能模块链接安心云（区域性结构健康监测平台），实现桥梁重点结构和关键部位的灾变监测功能，监测数据主要包括桥梁位移、桥梁应变、桥梁索力、温湿度等结构安全数据
		设备监控	该功能模块采用物联技术，实现对全路段所有路产设备状态的监控
		公路运营安全管控平台	该功能模块链接公路运营安全管控平台
	运营绩效	综合办公系统	该功能模块链接黄埔大桥综合信息管理系统，实现公司日常办公管理
		对外公开	该功能模块链接公司的门户网站，实现公司对外公开信息展示
		上级考核	该功能模块链接集团综合信息管理系统
	运营成本	合同管理	该功能模块展现合同管理业务关键数据，实现合同管理业务全面数字化
		预算管理	该功能模块展现预算管理业务关键数据，实现预算管理业务全面数字化

6.3.3.3 平台权限管理

为保证公路专业数字化平台的正常运行，实施用户权限控制，对系统用户、操作权限进行动态管理，用户码管理制度规定每位操作员只能在角色权限范围内操作，而不支持角色定制，与用户无关，避免因人设岗。平台管理员对每位操作员采用严格的账户密码越级操作查阅。同时，每位操作员的密码必须定期更换，以免被窃取。系统平台角色权限控制管理规则如下：

（1）公司所有成员均具有查看平台中路产养护、路产经营、路产管理、运营安全、运营绩效、运营成本的权限。

（2）机电信息中心的网络管理员、信息系统管理员、监控系统管理员等具有编辑管理组织机构、用户管理、角色管理的权限，保障平台正常运行。

（3）公司领导班子具有增删改、导入、导出报告中心、报告总结的权限。

（4）养护部、经营部、路产部、安全部、行政类、财务部等六大部门管理角色具有对所负责模块信息的增删改、导入、导出以及对业务工作进行操作管理的权限。

6.4 公路专业数字化管理绩效评价

绩效一般是指企业经营管理中所取得的成绩和效益。黄埔大桥公司为促进公路专业数字化管理水平的持续提高，运用科学合理的评价方法，构建了一整套完善的评价指标和评价体系。

6.4.1 评价体系

任何一项评价都要解决"谁评价，评价什么，如何评价"等问题。公司从这几个问题出发，对公路专业数字化管理绩效评价体系进行了系统研究与构建。

"谁评价"实际上是明确评价的主体，即发起评价的个人或者组织。"评价什么"描述的是评价的客体，也就是评价的对象。"如何评价"是指在明确评价目的的基础上，采取合理的评价指标和评价模型进行评价的过程。其中，评价指标的构建包括指标的初选与筛选，评价模型包括评价方法和权重。评价主体遵循一定的评价步骤，对客体进行评价，得出最终评价结果，形成评价报告。公路专业数字化管理绩效评价体系如图 6-4-1 所示。

6.4.1.1 评价目的

评价是一项有目的的活动，最终目的是为了以评促建，提高管理的效率和效益。当前数字化建设由于缺乏机制引导，普遍存在盲目投资、运营不善、缺乏监管等问题。因此，公路专业数字化管理绩效评价实际上是为公路企业所有者和经营者提供仪表板，对公司的数字化管理行为进行有效的引导和规范。绩效评价可以帮助管理者建立一整套科学的控制体系，全面了解和掌握数字化进程，有效控

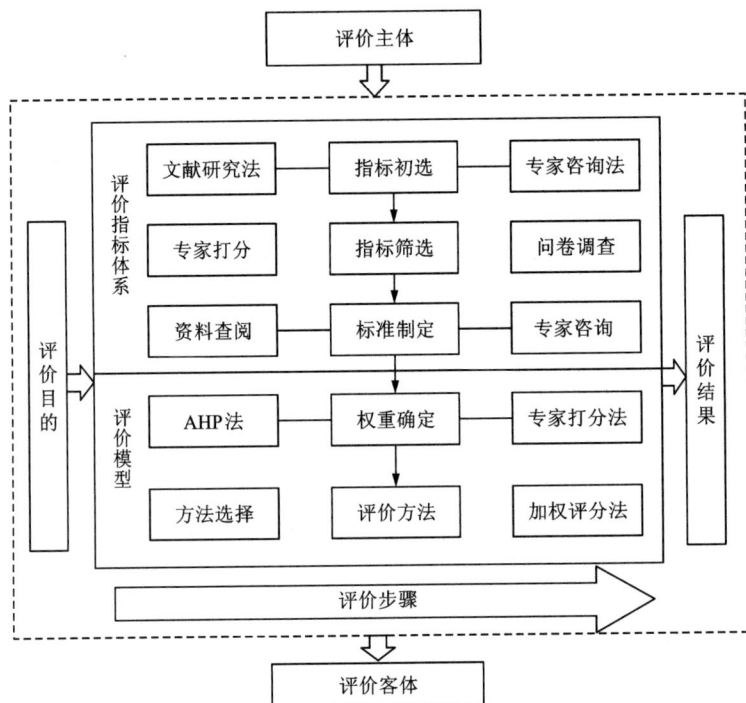

图 6-4-1　公路专业数字化管理绩效评价体系

制数字化管理的绩效，实现数字化发展和企业总体目标协调统一，引导和规范企业的经营行为和业务管理，从而提高公路专业数字化水平和数字化管理的效能。

通过公路专业数字化管理绩效评价，还可以促进公司数字化建设的研发工作。数字化管理绩效的评估过程也是公司发现问题、挖掘业务创新和管理需求的过程，从而把公司内部业务需求转换成数字化管理模型，不断促进数字化的优化和研发工作。衡量公路专业数字化管理水平，既要体现数字化的水平，又要体现数字化的效益和效率。

6.4.1.2 评价主体与客体

评价主体是指接受委托实施评价的组织、个人或者工作组。公路专业数字化管理绩效评价的主体包括外部实体和内部实体两类，由于评价目的和所处地位与角度不同，评价的侧重点有所不同。外部实体主要指受委托的第三方，内部实体是指企业的某个部门。公司内外部利益相关方对数字化管理绩效的关注奠定了对数字化管理绩效评价的广泛需求。负责评价的工作组应当完成整个评价过程的各项工作，并向专家咨询必要的政策、技术等方面的意见。评价工作组按照工作规范，独立、客观、公正地开展评价工作，排除被评价企业意愿的影响。但对被评价企业指出的评价工作和评价报告中的疏漏、遗漏、疑问，应该认真予以解答和补充更正。

评价客体是指被评价的对象。评价对象因评价需求不同而有所不同，评价客体是相对于确定的主体而言的。评价对象一般是一个或者多个复杂的系统，单个对象通常是用来说明评价对象某一特性的程度，多个对象的评价一般用于相互之间的比较。公路专业数字化管理绩效的评价对象主要是公路专业数字化管理的水平、效能和效益。

6.4.1.3 评价步骤

无论是内部评价还是外部评价，公路专业数字化管理绩效评价都要遵循一定的工作程序。工作程序是指从确定评价对象到完成整个评价的工作过程。一般包括如下步骤：

（1）确定评价对象，下发评价通知书，组织成立评价工作组。评价通知书是指评价组织机构（委托人）出具的行政文书，也是企业接收评价的依据。评价通知书中应当说明评价任务、评价目的、评价依据、评价人员、评价时间和有关要求等事项。

（2）拟定评价工作方案，搜集基础资料。评价工作方案是评价工作组进行评价活动的工作安排，主要内容包括评价对象、评价目的、评价依据、评价项目负责人、评价工作人员、工作时间安排，拟用评价方法、选用评价标准、准备评价资料以及有关工作要求等。

（3）评价工作的实施，征求专家意见，撰写评价报告。评价工作组根据企业报送的材料进行基本评价。企业内部评价可只对部分内容进行评价，受企业委托的职责而定。外部评价则要有委托部门的指令，按照计划行事。

（4）评价工作组可将评价报告送专家咨询组复核，向评价组织机构送达评价报告，公布评价结果，建立评价项目档案。

6.4.1.4 评价结果应用

评价结果形成的过程即对评价客体进行价值判断的过程，即对评价客体是否有价值、有何价值、有多大价值的判断。做出合理价值判断的前提条件是评价者必须有明确的评价目的，选择适当的评价指标和评价模型。要以评价指标衡量评价客体的各个方面，得出单项评价值，然后，得出综合评价值，并将评价值与标准值进行对比，得出结论，形成评价报告。

公路专业数字化管理绩效评价的最终目标不仅仅是衡量公路专业数字化管理的业绩，更重要的是认清在管理过程中具备哪些优势、存在什么问题，寻找自身差距并追寻问题根源所在，明确今后努力的方向。因此，公路专业数字化管理绩效评价与公路专业数字化管理水平的提高密切相关，要以评价促发展，将评价的结论转换成今后发展的动力和压力，作为改进公路专业数字化管理的方向性指引，提高数字化管理水平、效能和效益。

下面详细阐述评价指标体系构建和评价模型的选择。

6.4.2 评价指标

6.4.2.1 评价指标选取原则

(1)系统性原则

系统性原则是指指标体系的完整性和层次性。完整性是指在设计指标数量时，要充分考虑实际情况，兼顾公路专业数字化的正面收益和负面风险，设计出一套全方位、相对合理且完整的指标体系。层次性是指建立的指标体系要层次分明，各层次指标之间、各类别指标之间互不重叠，形成一个有机整体。

(2)重点性原则

公路专业数字化管理绩效评价涉及的指标较多，不能将所有指标一并罗列，避免造成逻辑不清、主次颠倒。在选择指标时，需要找出高度概括的综合指标，筛选出与目标关联最紧密的、精简的、概况性的重要指标，粗略化次要指标。

(3)可测性原则

可测性原则包括评价指标本身的可测性和指标在评价过程中的可行性。评价指标本身的可测性要求评价指标可用操作化的语言定义，所规定的内容可运用现有的工具测量数据。评价过程中的可行性要求评价指标能够获得充足的信息，评价主体可利用这些数据和信息做出合理的评价和判断。

(4)实用性原则

建立公路专业数字化管理绩效评价指标的目的是为了更好地指导公路专业数

字化的发展。因此,在选取指标时要结合行业特点和现实情况,选取切实可行的指标,使企业能够根据该指标体系来开展数字化评价工作。

6.4.2.2 评价指标选取方法

常用的指标选取方法有文献研究法、频度统计法、问卷调查法和专家咨询法等,其优缺点及适用性如表 6-4-1 所示。

表 6-4-1 指标选取方法

评价指标选取方法	概念	优缺点	适用性
文献研究法	文献研究法主要指搜集、鉴别、整理文献,并通过对文献的研究形成对评价内容的科学认识方法	优点:(1)超越时间和空间,通过对大量文献的研究可以了解更广泛的事实;(2)在前人研究的基础上进行,是获取信息的捷径,能够提高效率和科学性。 缺点:获得的文献不一定能满足要求,文献容易受到历史阶段的限制,可能有偏见、不完全或者有选择的残缺	对于一般的研究工作都适用
频度统计法	频度统计法是指对相关研究的频度进行统计	优点:可以统计出专家学者对相关问题研究得出的主要指标。 缺点:需要对相关问题大量的研究基础,否则不能保证科学性	适用于研究较为成熟的问题
问卷调查法	问卷调查法是指通过控制式的测量对所研究的问题进行度量,从而搜集到可靠资料的一种方法	优点:节约时间、人力和经费,问卷调查法可以进行大规模的调查。 缺点:问卷调查设计难,调查问卷的主体内容设计的好坏,将直接影响整个专项调查的价值	适用于标准化问题,用于描述性调研和解释性研究
专家咨询法	专家咨询法是指利用专家的知识、经验和分析判断对评价指标进行鉴证的方法	优点:简单易行、应用方便,可以针对具体问题得到专家的意见和建议。 缺点:受人的主观因素影响比较大	适用于研究资料少,未知因素多,需要靠主观判断来研究问题

通过对评价指标选取方法的比较，采用文献分析法，从大量的文献中提取出能体现公路专业数字化水平的相关指标，并根据公路数字化建设情况对指标进行整理和完善，进而采用问卷调查和专家咨询的方法，广泛吸取相关人士的意见和建议，确保指标的科学性、实用性和代表性。

6.4.2.3 评价指标体系构建

公司依据当前信息化评价最权威最有影响力的资料，如国家信息化测评中心2002年推出的《企业信息化水平评价指标体系》、住建部于2011年12月公布《建筑施工企业信息化评价标准》以及国务院信息化工作办公室组织编制的《信息化绩效评价——框架、实施与案例分析》，结合公路专业数字化管理的实践经验，根据评价目的和公路专业数字化的建设状况，从公路专业数字化水平、公路专业数字化管理效能、公路专业数字化效益三方面选取公路专业数字化管理绩效评价指标，其中，公路专业数字化水平是指当前公路专业数字化的实现程度，公路专业数字化管理效能是指专业数字化管理对企业内部业务管理所起到的作用，公路专业数字化管理效益是指最终实现的经济效益和对外影响力。

构建的公路专业数字化管理评价指标体系如图6-4-2所示。

6.4.2.4 评价指标说明

为了明确各指标的内涵和作用，方便专家的评判，表6-4-2对每一项指标进行了说明。

```
                                              ┌─────────────────────┐
                                              │   数字化建设投入比例    │
                              ┌──────────────┤├─────────────────────┤
                              │  数字化基础条件  ├─┤   数字化组织健全度      │
                              │              │ ├─────────────────────┤
                              │              │ │   数字化安全保障度      │
                              │              │ ├─────────────────────┤
                              │              │ │ 数字化制度制定与执行情况  │
              ┌──────────────┤              └─┴─────────────────────┘
              │公路专业数字化水平│
              │              │               ┌─────────────────────┐
              │              │               │  路产经营数字化实现度    │
              │              │               ├─────────────────────┤
              │              │               │  路产管理数字化实现度    │
              │              └─┬────────────┐ ├─────────────────────┤
              │                │业务数字化实现程度├─┤  运营安全数字化实现度    │
              │                └────────────┘ ├─────────────────────┤
              │                               │  绩效考核数字化实现度    │
              │                               ├─────────────────────┤
              │                               │  运营成本数字化实现度    │
┌───────┐     │                               ├─────────────────────┤
│公路    │     │                               │  路产养护数字化实现度    │
│专业    │     │                               └─────────────────────┘
│数字    │     │
│化管    │     │                               ┌─────────────────────┐
│理绩    ├─────┤                               │  病害信息自动检测率     │
│效评    │     │  ┌────────────┐              ├─┤  病害信息预警率        │
│价指    │     ├──┤公路资产建管养效能├────────────┤ ├─────────────────────┤
│标体    │     │  └────────────┘              │ │  病害信息解决时间       │
│系      │     │公路专业数字化管理效能            └─┴─────────────────────┘
└───────┘     │                               ┌─────────────────────┐
              │  ┌────────────┐              │  事件主动发现率        │
              ├──┤公路运营安全管控效能├──────────┤├─────────────────────┤
              │  └────────────┘              ├─┤  事件响应时间         │
              │                               ├─────────────────────┤
              │                               │  事件平均处置时间       │
              │                               └─────────────────────┘
              │
              │                               ┌─────────────────────┐
              │  ┌────────┐                  │  年度收费额增长率       │
              ├──┤ 经济效益 ├──────────────────┤├─────────────────────┤
              │  └────────┘                  ├─┤   利润增长率          │
              │公路专业数字化管理效益            ├─────────────────────┤
              │                               │   平均成本率          │
              │                               └─────────────────────┘
              │                               ┌─────────────────────┐
              │  ┌────────┐                  │  知识产权成果转换率      │
              └──┤ 社会效益 ├──────────────────┤├─────────────────────┤
                 └────────┘                  ├─┤  交通事故降低率        │
                                             ├─────────────────────┤
                                             │   运营节能增长率       │
                                             ├─────────────────────┤
                                             │  数字化系统推广数量      │
                                             └─────────────────────┘
```

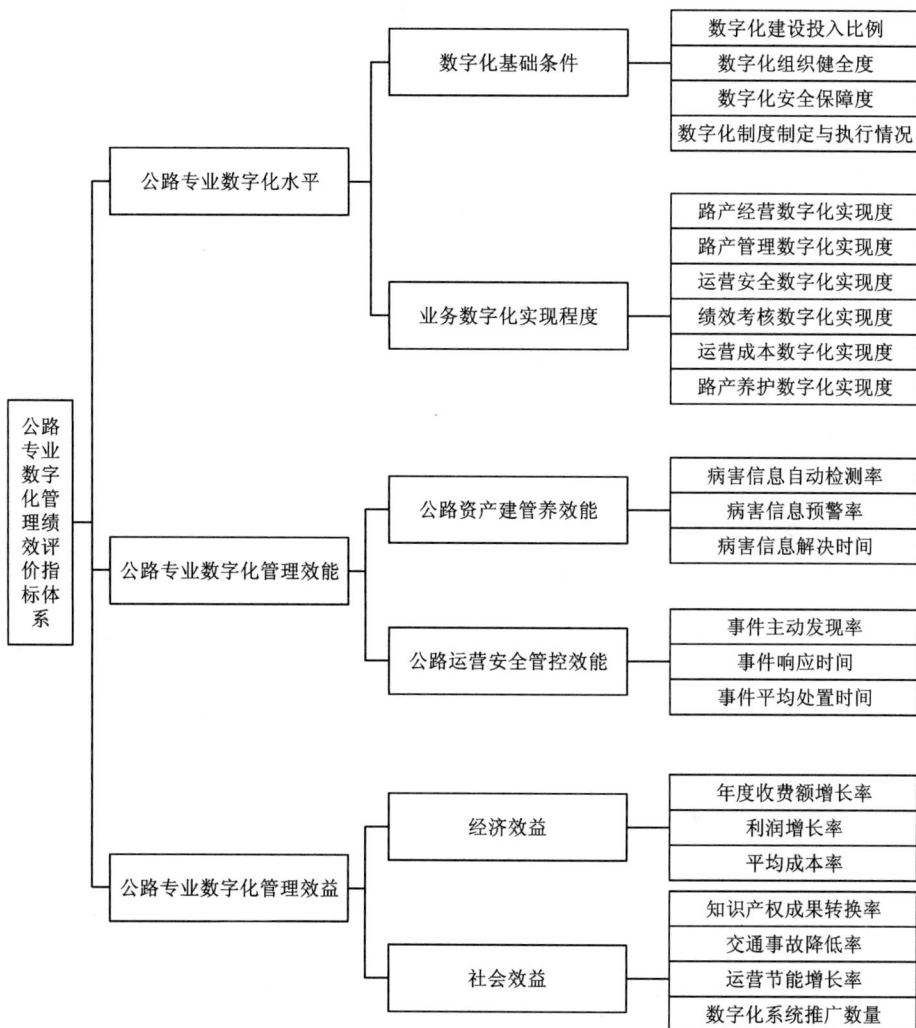

图 6-4-2　评价指标体系

表 6-4-2　指标说明

指标	指标说明
数字化建设投入比例	数字化建设投入是指用于数字化建设的资金投入总额,该指标主要为了评价企业对信息化建设的投入力度和重视程度。由于评价的是公路运营期,数字化建设的投入主要指年度花费在数字化运营、升级换代等方面的资金投入
数字化组织健全度	数字化组织建设是公路专业数字化的重要组成部分,是公路专业数字化发展到一定程度的产物,其健全度是公路专业数字化发展水平的重要标志
数字化安全保障度	数据安全保障是指信息备份、网络防火墙设置、防毒软件、专门技术小组监控、安全认证等措施的应用状况,反映了企业数字化的安全水平
数字化制度制定与投入程度	数字化制度是企业为了加强数字化建设,规范企业数字化管理而制定的。只有当制度制定得科学完善,并且能够投入使用,才能取得好的管理效果
路产经营数字化实现度	路产经营数字化要实现收费监控、收费稽查、营运报表、路产出租等功能
路产管理数字化实现度	路产管理数字化要实现路产管理、路权维护、路产巡查等功能
运营安全管控数字化实现度	运营安全数字化要实现电子巡查、收费监控、结构监控(桥梁健康监测和强震动监测)、危化运输管理、应急指挥等功能
运营绩效数字化实现度	运营绩效数字化要实现公司办公、集团办公、对外公开、绩效考核、国检省检等功能
运营成本数字化实现度	运营成本数字化要实现计划管理、财务管理、成本体系等功能
路产养护数字化实现度	路产养护数字化要实现路产养护、健康监测、强震监测等功能
病害信息自动检测率	病害信息自动检测率反映的是采用数字化技术对病害信息的检测能力
病害信息预警率	病害信息预警率是指采用数字化手段,根据病害流行的规律和即将出现的有关条件来推测某种病害在今后一定时间内流行的可能性
病害信息解决时间	病害信息解决时间是指从病害信息发现到解决所用的时间,反映了数字化条件下,对于病害信息处理的速度

续表6-4-2

指标	指标说明
事件主动发现率	事件主动发现率是指通过数字化技术，主动发现的运营安全事件
事件响应时间	事件相应时间是指从运营安全事件发现到采取措施所用的时间
事件平均处置时间	事件平均处置时间是指对运营安全事件的处置时间
年度收费额增长率	当年的收费额相对于前一年收费额的增长比例，反映了绩效的增长情况
利润增长率	企业年利润增长额与上年利润总额的比率，反映企业营业利润的增减变动情况
平均成本率	平均成本率是指企业的成本支出占营业收入的比例，成本指的是公司年度实际支付的运营管理成本、人工成本和养护成本的总和，能够反映企业成本规模及适应风险的能力，比例越低效果越好
知识产权成果转换率	企业所拥有的知识产权投入实际应用的比率
交通事故降低率	采用了数字化技术之后，全路段交通事故发生次数的降低效果
运营节能增长率	采用数字化技术之后，企业每年节约能源数量的增长率
数字化系统推广数量	应用本公司开发的数字化系统的企业数量，反映了社会上对公司公路数字化管理效果的认可度

6.4.3　评价模型

6.4.3.1 评价权重确定

评价指标权重的确定是评价工作的重要步骤。权重确定的方法大致分为两个大类，一个是主观赋权法，如层次分析法、两两比较法、德尔菲法、环比评分法等，这类方法多是采用综合咨询评分的定性方法；另一类是客观赋权法，也就是根据指标间的相关关系或者各项指标的变异程度来确认，从而避免人为因素带来的偏差，如因子分析法和熵值法等。

公司采取层次分析法，依据专家经验，确定权重。

按照层次分析法的计算过程，首先将各因素进行两两对比构造判断矩阵，然后对计算得到的权重向量进行一致性检验。针对建立的评价指标体系，逐层确定其权重，最终确定的权重如表5-4-3所示。

表6-4-3　指标权重

一级指标	二级指标	三级指标	三级指标权重
公路专业数字化管理水平 A (17.42%)	数字化基础条件 A1(35.01%)	数字化建设资金投入比例 A11	20.06%
		数字化组织健全度 A12	12.63%
		数字化制度制定与执行情况 A13	28.54%
		数字化安全保障度 A14	38.77%
	业务数字化实现度 A3(64.99%)	路产经营管理数字化实现度 A21	10.44%
		路产管理数字化实现度 A22	8.31%
		运营安全管理数字化实现度 A23	38.85%
		运营成本管理数字化实现度 A24	10.34%
		路产养护数字化实现度 A25	32.06%
公路专业数字化管理效能 B (53.66%)	公路资产建管养效能 B1(33.33%)	病害信息自动检测 B11	46.52%
		病害信息预警率 B12	30.02%
		病害信息解决时间 B13	13.26%
	公路运营安全管控效能 B2 (66.67%)	事件主动发现率 B21	39.78%
		事件响应时间 B22	27.23%
		事件平均处置时间 B23	15.09%
公路专业数字化管理效益 C (28.92%)	经济效益 (44.88%)	年度收费额增长率 C11	53.38%
		利润增长率 C12	23.92%
		平均成本率 C13	22.7%
	社会效益 (55.12%)	知识产权成果转换率 C21	18.48%
		运营节能增长率 C22	19.25%
		交通事故降低率 C23	37.71%
		数字化系统推广数量 C24	24.56%

6.4.3.2 评价方法确定

根据评价目的和特征选取不同的评价方法。常用的评价方法主要包括模糊综合评价法、层次分析法、数据包络分析法、德尔菲法和平衡计分卡等。

（1）模糊综合评价法

模糊综合评价法是运用模糊集理论进行评价的一种方法。该方法充分发挥了模糊数学的优势，运用了模糊关系合成原理，对于那些不易测量与模糊不清的事物，按照一定的评判标准进行评价。模糊综合评价法综合考虑影响被评价项目的多种因素，比较各个因素的重要程度，运用模糊数学工具，将定性评价定量化，能够对于被评价项目的主观性、多样性、模糊性等特点进行较好的处理。模糊综合评价的原理：首先，确定被评价目标的指标；其次，通过计算得出各个因素的权重与其隶属度向量，得到模糊评价矩阵；最后，运用模糊运算对模糊评价矩阵和因素的权向量进行归一化，得到模糊评价综合结果。作为一种十分有效的多因素决策方法，模糊综合评价方法简易可行，被广泛应用于经济、社会等领域。

（2）数据包络（DEA）方法

DEA 方法以相对效率概念为基础，以凸分析与线性规划为工具，在相似类别的单位与部门中运用多指标投入和多指标产出进行相对有效性或效益评价。DEA 方法的一个直接和重要的应用就是根据输入、输出数据来测量部门之间的相对有效性。DEA 模型最大的特点是不需要设定权重假设，不需要依据评价者的主观想法认定所输入和输出的权，其最优权重是根据决策单元求得的实际数据。因此，DEA 方法排除了由人为因素造成的误差，具有一定的客观性。第一个 DEA 模型自 1978 年被提出来以后，被不断改善，并被广泛运用于实际生活与工作领域。DEA 方法对于评价社会经济系统中投入与产出的相对性来说，有很大的优势。

（3）德尔菲法

德尔菲法是在专家个人判断法和专家会议法的基础上发展起来的一种专家调查法，它广泛应用在技术预见、社会评价等众多领域，是以专家作为索取信息的对象，依靠专家的知识和经验，由专家通过调查研究对问题做出判断、评估和预测的一种方法，是一种非见面形式的专家意见收集方法和专家及社会智力资源集中、碰撞和集成的方法。

（4）主成分分析法

主成分分析也称主分量分析，旨在利用降维的思想，把多指标转化为少数几个综合指标（即主成分），其中每个主成分都能够反映原始变量的大部分信息，且所含信息互不重复。这种方法在引进多方面变量的同时将复杂因素归结为几个主成分，使问题简单化，同时得到更加科学有效的数据信息。

（5）平衡计分卡

平衡计分卡由财务指标和非财务指标组成，非财务指标包括顾客、内部经营流程、学习和成长三个方面。平衡计分卡之"平衡"是要平衡财务指标与非财务指标、平衡长期与短期、平衡战略与战术、平衡滞后与先行等方面。平衡计分卡是公司绩效管理的指标体系，不仅可以用于提高企业绩效，还可以系统、全面地评价企业绩效，真实全面地反映企业生产经营管理等方面的情况。

（6）BP 神经网络法

BP 神经网络法的原理是模拟人思维的第二种方式，是误差反向传播算法的学习过程，其模型包括输入输出模型、误差计算模型等，主要用于分类、聚类、预测等。

（7）加权评分法

加权评分法是按指标的重要程度分别配上合适的加权系数，然后用各评价项目的评分与加权系数的乘积对方案进行评价和选择。这种方法虽然计算简单，但可以充分反映专家意见，适用于包含定性和定量分析的评价研究。

各种评价方法的优缺点对比如表 6-4-4 所示。

表 6-4-4　评价方法优缺点

评价方法	优点	缺点
模糊综合评价法	（1）将评价因素相互比较，确定相对评价值，多用于主观定性指标的定量化等级比较； （2）用数学方法较好解决了模糊的、难以量化的问题	（1）当指标个数较多时，相对隶属度权系数往往较小，会出现超模糊状态，无法区分谁的隶属度更高，甚至造成评判失败； （2）各评价指标权重确定时具有一定的主观性
层次分析法	（1）能使复杂的系统逐层分解，是一种多目标决策分析方法； （2）将经验判断给予量化，是对专家主观性判断作客观性描述的一种有效方法	（1）评价过程带有主观臆断性，从而使结果的可信度下降； （2）判断矩阵易出现不一致现象

续表6-4-4

评价方法	优点	缺点
数据包络（DEA）	(1)定量评价方法，具有很强的客观性； (2)可直接采用统计数据进行运算，简明、易操作； (3)可以为决策和控制提供依据	(1)依赖定量数据，对于难以采集输入输出数据的系统难以进行分析； (2)模型较为复杂，实施难度较大
德尔菲法	操作简单，可以利用专家的知识，结论易于使用	(1)属于定性评价，无法准确量化； (2)主观性比较强，评价依赖的标准不确定
主成分分析法	(1)能将众多反映各影响因素的指标转化为少数几个独立的综合指标，实现降维； (2)权重根据综合因子的贡献率的大小确定的，避免主观因素影响	(1)有较大的计算量，样本量有一定的要求； (2)评价的结果随样本量的规模而变化； (3)指标之间应具有线性关系
平衡计分卡	(1)能够综合评价组织的绩效； (2)指标和权重确定没有给出明确的方法，且确定较为困难； (3)一般需要结合层次分析法或德尔菲法使用	实施难度较大，成本较高，动态性要求高
BP神经网络法	具有很强的非线性映射能力和柔性的网络结构。网络的中间层数、各层的神经元个数可根据具体情况任意设定，并且随着结构的差异其性能也有所不同	BP网络学习速率是固定的，网络的收敛速度慢，且网络往往存在很大的冗余性，一定程度上会增加网络学习的负担
加权评分法	(1)计算简单易懂，可操作性强，包含全部原始数据指标变量； (2)可以充分反映专家意见； (3)适用于包含定量指标和定性指标的评价	(1)人为色彩较浓、客观性较差，计算量较大； (2)无法反映某些评价指标的所具有的突出影响

　　由于公路专业数字化管理绩效的评价指标既包含定量指标，又包括定性指

标,考虑到实用性,公司采用多目标线性加权评分法,对公路专业数字化管理绩效进行评价。在评价过程中,首先采用专家打分的方式,对每个指标按照 1~10 分进行打分,分数越高代表指标的实施效果越好,最后根据每个指标的得分和确定的指标权重,依据加权评分法的公式计算总分。加权评分法的计算公式为:

$$S = \sum_{k=1}^{t} \left[\sum_{j=1}^{m} \left(\sum_{i=1}^{n} A_i B_i \right) C_j \right] D_k$$

式中:S 为公路专业数字化管理绩效评价的总分值;A_i 为第 i 个三级指标的得分,B_i 为第 i 个指标的权重;C_j 为二级指标中第 j 个指标的权重;D_k 为一级指标中第 k 个指标的权重。

总分在 8~10 分时评价结果为"优秀",在 6~8 分时为"良好",4~6 分时为"一般",4 分以下为"较差"。

6.5 公路专业数字化管理成效与启示

6.5.1 公路专业数字化管理成效

黄埔大桥公司积极探索和创新管理理论、方法,不断完善公路专业数字化管理平台,在运营质量、安全及成本控制各方面均取得较好的效果。黄埔大桥公司采用构建的评价指标体系和评价模型进行评价,得出当前公路专业数字化管理绩效得分为 8.78,处于"优秀"等级。

黄埔大桥公司专业数字化管理取得显著成效,主要体现在:

(1)公路专业数字化管理水平不断提升,公司为公路专业数字化的建设投入了大量的人力、物力和财力,实现了对公路运营管理各项业务的数字化管理。

(2)公路运营安全管理和路产养护方面的成效显著,规范的公路运营安全管控平台和公路建管养数据平台,使黄埔大桥公司的各项路产均能够达到建管养一体化。黄埔公司桥梁优良率长期保持在 100%,并且能够对病害信息完全预警,安全事件主动发现率高达 99.28%,事件响应时间仅为 28 s,事件平均处置时间仅为 20.27 min。

(3)取得了良好的经济效益与社会效益,公路专业数字化管理的实践大大降低了公路运营管理的成本,提高了企业经济效益。数字化相关知识产权成功转换率达到了 100%,对行业数字化发展起到了很好的带头作用,同时公路专业数字化管理的实践,有效缓解了交通堵塞的时间,降低了交通事故的发生率,为社会发展做出了重大贡献。

6.5.2　公路专业数字化管理启示

回顾公司多年来在推行专业数字化管理方面的探索和实践,可以得出如下启示:

(1)"哲学视野下的工程管理"是公路管理文化的建设基础,为建构公路专业数字化管理理论与方法提供了哲学认知基础。实践是认识的来源和推动认识发展的动力,在工程实践过程中,通过不断地总结和提炼工程实践的特点、要素及演化动力以认知工程实践的本质特征,进而将工程实践经验系统化和理论化并进一步指导实践,在实践—理论—再实践的认识循环中,逐步形成工程管理的总体观、文化观、方法论、使命等方面的哲学认知。工程管理的哲学认知是理论化、系统化的世界观、文化观、方法论的统一,公路管理作为工程管理在公路行业的实践,公路管理文化是在公路管理实践过程中的文化积累和精神沉淀,其文化建设受普遍性的工程管理哲学认知的指导,同时又具有鲜明的公路行业特色。工程管理哲学认知对于公路管理文化的建设与发展具有引导作用,是将高品质标准变成自觉的、常态化的管理活动的基础,指引着公路实践中的管理行为。

(2)针对公路行业发展及公路管理中的问题,根据问题导向的哲学思维提出了解决公路管理问题的预防性管理理论。预防性管理是人们在实践中分析事物间因果关系,在预知事物发展过程的前提下通过一定手段消除不良因子从而实现系统目标的一系列活动。预防性管理理论是在大数据前提下的因果关系理论,它是实现公路管理的理论依据。预防性管理理论依靠对信息数据的收集、处理与分析,对公路管理实践过程进行因果逻辑推断,通过一定的风险管理与可靠度保证,实现系统目标与价值的提升。

(3)传统的公路管理存在管理粗放,信息化、数字化程度低的问题,现代化的公路管理一定是高度数字化的公路管理,未来能做大做强的公路运营企业一定是数字化管理做得好的企业。由粗放管理到数字化管理的这个过程可理解为数字化转型的过程。数字化是公路行业转型升级的必然趋势,行业的数字化转型不仅需要理论的指导,更需要方法支撑。

公路管理的数字化转型一定是一个漫长、艰辛的过程,也是公路行业发展过程中一个必须要完成的任务。在数字化转型的过程中,进行数字化转型的公路管理主体单位会遇到很多没有标准答案参考的难题，也难免会走一些弯路、绕一些远路。公路运营企业由于资金优势和切实需要，可能成为数字化转型的先锋。对于准备进行数字化转型的管理主体来说，在工作推进之前，企业的管理团队要了解数字化发展的动态和趋势，掌握最新的数字化管理方法，以更好地针对企业的数字化转型工作进行系统管理，使其在完成数字化转型的过程中尽量少走弯路、不绕远路，早日完成数字化转型，享受数字化管理带来的红利。对于正在进行数字化转型的企业来说，企业管理者要及时向行业内数字化转型成功的企业取经，学习其成功经验，了解其在数字化转型过程中遇到的挫折，避免其走过的弯路。

政府有关部门正大力推进公路行业的数字化转型，行业的数字化转型不仅有利于行业内相关企业自身管理效率的提高，还可以带动智慧城市、智慧交通相关领域的发展，完善城市的路网建设和管理。政府有关部门可以采取一定的激励手段来鼓励参与公路管理的有关单位特别是公路运营企业推动数字化转型工作。

(4)公路专业数字化管理平台是实现公路专业数字化的手段，是公路专业数字化实践层面的体现。数字化管理平台的建设是一个不断探索的过程，本书从一般公路运营管理数字化角度出发，所提出的指导思想、开发技术、平台架构、开发准则、平台功能等可以为我国公路运营企业的数字化转型提供一些启示。同时，专业数字化强调，在不同行业、企业中推行数字化转型一定要结合自身需求与应用环境，因此，数字化管理平台建设在遵循相关理论与准则的同时，更需要结合实际情况进行开发建设。

(5)做好数字化基础工作，提高数字化管理水平。数字化基础工作主要体现在数字化组织管理工作的提升、数字化基础设施建设投入、数字化核心业务板块的开发与应用以及数字化管理制度的制定与落实。公路企业需要通过对管理环境和管理特点的分析与研究，制定切实可行的管理方案和规划，提高数字化管理水平。

(6)完善公路数字化管理平台，强化数字化管理绩效评价反馈。通过对公路专业数字化管理效能的评价研究发现，公路企业应用数字化平台可以更好地实现对于公路运营安全和路产养护等公路运营核心业务的管理，应不断加强数字化专业数字化管理平台的建设和完善，同时要强化绩效评价与反馈，促进企业专业数字化管理水平的提升和发展。

(7)加强企业外部合作，全方位完善数字化建设。公路专业数字化管理是一个庞大的、复杂的工程，仅靠单个企业很难顺利实施下去，选择优秀的合作伙伴至关重要。外部合作有多种对象形式,例如与高水平的软件商、著名院校以及咨询公司的合作等。选择具有创新能力的软件开发商作为信息化技术合作伙伴,可以防止数字化平台建设停留在低水平阶段。通过与高水平院校及咨询公司的合作,可以挖掘公司数字化管理需求,帮助公司更好地进行数字化技术与专业管理的结合,为软件开发商提供开发方向,为企业管理者提供需求研究和成果总结。

(8)提升社会服务意识,让公路运营数字化更好地服务社会。公路专业数字化管理带来了巨大的社会效益,对社会责任承担、社会影响以及社会贡献都有帮助,因此,公路行业在实现专业数字化时要时刻保持为社会服务的宗旨,所建平台加强与外界信息互联互通,让公路专业数字化管理发挥更大的社会效益。

(9)推动公路专业数字化可持续发展。当今社会,信息技术创新日新月异,公路企业为加快推进公路专业数字化管理与应用,提高企业数字化治理能力与水平,应当制定公路专业数字化管理指南,进而制定公路专业数字化管理标准,通过标准引领,不断提升公路专业数字化管理水平、效能与效益,推动公路专业数字化的可持续发展。

附录　公路专业数字化管理指南

第一章　总则

一、目的

（一）保障数字化平台信息系统网络环境中各应用程序、支撑程序的安全运行以及前后台设备的数据资源安全，规范数字化管理平台安全巡检的开展。

（二）保障数字化平台信息系统机房设备和数据安全，使各设备运行在符合标准的环境，规范机房巡检工作的开展。

（三）加强和规范对工作计算机设备的管理，确保计算机的安全可靠运行。

（四）推进公司专业数字化管理与应用，进行科学化经营决策。

（五）做好数字化管理平台突发事件的防范和应急处理工作，进一步提高预防和控制信息网络突发事件的能力和水平。

二、原则

（一）数字化程度是衡量企业管理水平的重要标志，数字化的建设与引进、推广与应用是一项对企业发展具有重要战略意义的系统工程。因此，数字化管理是一项公司全员参与的工作。

（二）数字化管理的基本任务是建立和逐步发展公司的数字化管理平台，成为支持公司一线生产、经营、管理、决策科学化的重要辅助手段。

（三）本指南所称数字化管理是指利用计算机、通信、网络等技术，通过统计技术量化管理对象与管理行为，实现研发、计划、组织、生产、协调、销售、服务、创新等职能的管理活动和方法。

（四）本指南适用于信息系统覆盖的公司各部门用户。

第二章　管理与职责

一、领导机构及职责

（一）公司信息与数据管理领导小组是公司信息化管理与建设的最高领导机构，由公司总经理任组长，公司其他相关领导为副组长，各部门负责人为小组成员，领导小组下设信息与数据管理办公室，办公室常设机构为机电信息部，由机电信息部经理担任办公室主任，负责组织、开展信息化建设日常工作，并对公司各职能部门的信息化工作进行指导。

（二）公司信息化工作领导小组对公司信息化工作实行统一领导，决策重大问题，其主要的工作职责是：

1. 根据国家、行业信息化建设方针、政策、对信息化工作进行统一领导和管理；

2. 研究、制定信息化工作的发展规划、年度计划和有关规章制度，并落实相关经费；

3. 审批重大信息化工程项目；

4. 开展对信息化工作的检查、协调和监督。

二、执行机构及职责

（一）机电信息部对公司信息化工作领导小组负责，其主要的工作职责是：

1. 组建技术小组，负责全公司信息化管理的规划实施和技术支持；

2. 负责全公司计算机软硬件配置及设备的选型，对一定标准内的信息化软硬件设施进行购置审批；

3. 负责公司信息设备的统计、调配；

4. 负责应用软件的引用和推广工作；

5. 负责指导公司员工正确使用计算机和排除运行中软硬件故障；

6. 负责公司各部门软硬件信息设施的维修、维护工作；

7. 负责公司办公信息系统机房设备维护与管理；

8. 负责公司局域网运行的安全性，防止入侵及病毒破坏。

（二）公司所有员工对其使用的信息系统终端计算机安全负直接责任，未经允许，不得修改网络设置，不得安装运行与工作内容无关的软硬件。

第三章　计算机机房管理

一、人员管理

（一）公司计算机机房涉及企业保密信息数据，由技术小组负责管理，信息工程师负责具体技术工作的现场实施。公司无关人员及外界人员未经许可，一律不得进入信息系统机房。无关人员不得操作信息系统后台设备，专业机构进行技术服务时，须由信息工程师带领并监督。

（二）机房门禁系统必须保持安全可靠，如工作人员调动应及时进行授权调整。

（三）机房内须保持干净整洁，不准携入食物、饮料或其他可能污损设备系统的物品。

（四）机房为工作场所，不准在内睡觉休息以及进行其他与机房设备系统工作无关的活动。

二、设备管理

（一）机房内的所有后台设备，不得随意更换或更改配置，不得随意更改用途。如有相关调整需要，需报主管领导批准后才能实施。

（二）机房内设备要建立清单，详细记录设备参数及软件系统情况。

（三）专业设备的保养维护，按照该设备的相关规程进行。

三、安全管理

（一）机房必须配备符合安全标准的消防、空调及用电设备，装修必须使用防火、防静电材料。

（二）机房内严禁携入易燃、易爆、腐蚀性、强电磁、辐射性等对设备正常运行构成威胁的物品。严禁吸烟，严禁随意拉接电源，以防造成短路或失火。

（三）信息工程师按要求对机房进行日常巡检、保养、维护，切实做好消防安全、用电安全、恒温调节等工作，清楚安全隐患，确保全部设备无故障并运行在良好的物理环境下。

（四）定期对机房进行安全巡检，具体要求如下：

1. 每周进行一次机房内设备巡检，检查机房内温湿度、空调运行情况、各设备的运行信号指示，发现有告警信号或其他噪音、异味等异常状况，及时查明原因并安排处理；

2. 每周一现场登录后台系统，检查运行状态；

3. 每月 5 日检查防火器材有效性，以及供电线路的安全状况；

4. 每月 10 日前完成月度机房运行安全情况小结；

5. 机房系统的逻辑状态及数据安全巡检；

6. 如遇节假日，相关工作顺延。

第四章　计算机使用管理

一、硬件管理

（一）计算机使用者注意做好对计算机及其外设定期的保洁工作，办公环境要符合计算机设备运行的要求，保障计算机设备的正常运行。

（二）严禁擅自更换、拆装计算机设备零部件，并挪作他用。当设备出现故障时应及时报请维修，未经机电信息部批准，任何人不得擅自拆换或携带外出修理。

（三）各办公室更新或添置硬件设备，须向各部门领导提出申请，获得同意后，由机电信息部负责硬件设备的选型、配备和购置。

（四）硬件设备报废时，经机电信息部管理员与有关技术服务商进行技术鉴定，确实无法再用的，由机电信息部按规定程序处理。

（五）计算机及相关设备发生故障时，该计算机使用人员应及时通知机电信息中心维护人员。接到报障电话后，机电信息中心维护人员应及时对计算机及相关设备的故障进行维修，一般在两个工作日内完成维修工作。

（六）维护人员在维修、维护计算机过程中，首先应对其中信息进行备份处理，对重要及涉密数据应进行加密处理，确保资料不遗失、泄漏。

（七）维护人员在完成计算机检修工作后，计算机使用人员需在维护工作日志上签名确认维护工作的完成。

二、软件管理

（一）使用者不得随意删除或修改系统文件，不得随意改变机内设置的任何参数。

（二）计算机使用者不得自行重装操作系统或硬盘格式化操作，若有需要请报机电信息部。

（三）工作计算机统一使用的各类光盘、软盘、杀毒软件、计算机随机所带的软件资料等由机电信息部统一管理。

三、上网管理

（一）使用者上网不得利用互联网制作、下载、复制、查阅、发布、传播或者以其他方式使用含有下列内容的信息：

1. 反对宪法规定的基本原则的；

2. 危害国家统一、主权和领土完整的；

3. 泄露国家秘密，危害国家安全或者损害国家荣誉和利益的；

4. 煽动民族仇恨、民族歧视，破坏民族团结，或者侵害民族风俗、习惯的；

5. 破坏国家宗教政策，宣扬邪教、迷信的；

6. 散布谣言，扰乱社会秩序，破坏社会稳定的；

7. 宣传淫秽、赌博、暴力或者教唆犯罪的；

8. 侮辱或者诽谤他人，侵害他人合法权益的；

9. 危害社会公德或者民族优秀文化传统的；

10. 含有法律、行政法规禁止的其他内容的。

（二）使用者上网不得进行下列危害网络信息安全的活动：

1. 故意制作或者传播计算机病毒以及其他破坏性程序的；

2. 非法侵入他人计算机信息系统或者破坏计算机信息系统功能、数据和应用程序的；

3.法律、行政法规禁止的其他活动。

四、防病毒管理

（一）定期检查信息系统内各种产品的恶意代码库的升级情况并进行记录，对主机防恶意代码产品、防恶意代码网关和邮件防恶意代码网关上截获的危险恶意代码或恶意代码进行及时分析处理，并形成书面的报表和总结汇报。

（二）终端用户要及时进行补丁升级，避免因操作系统漏洞而造成的恶意代码入侵，并做好本机重要数据的备份。

（三）机电信息中心定期检查网络内服务器的杀毒软件运行状态，并对检查结果进行记录。

（四）一旦发生恶意代码入侵事件，进行恶意代码查杀工作，如下载专杀工具、进行手工杀毒等。

（五）一旦部门局域网内计算机发生感染恶意代码疫情，为避免计算机恶意代码扩散，机电信息中心将封堵该部门与公司网络之间的物理链路，待采取进一步措施查杀灭恶意代码，在疫情警报解除后，再恢复网络间物理链路的连接。

五、数据管理

（一）计算机使用者日常注意及时做好各项业务数据和文件的备份保存工作；因工作需要，计算机需要更换机主时，做好各类备份数据、文件和相应账号、口令的移交工作。

（二）对数据备份介质（磁带、磁盘、光盘、U盘、移动硬盘、纸介质等）进行统一编号，并表明备份日期和备份数据内容、密级及保密期限。

（三）计算机设备接入互联网时，必须安装杀毒软件和防火墙，并定期更新杀毒软件病毒库和系统补丁。

（四）对计算机备份数据介质迎妥善保管，并定期进行检查，确保数据的完整性、可用性。

（五）未经公司相关领导同意，任何部门不得自行调换、拆卸、处置计算机及附属设备。

（六）不得擅自交由外单位人员对计算机进行维修；若请设备厂商保修人员上门维修，须通知机电信息中心维护人员陪同检修，在维修过程中应保证保密信息的完整性和安全性，不得泄露涉密数据信息。

（七）计算机设备确因设备老化、性能落后等原因，造成设备无法继续使用的，由机电信息中心提出报废申请，经公司领导批准后，实施报废处理，并在固定资产清单中进行记录；计算机设备在报废处理前，应由机电信息中心安全管理员对其是否存有内部敏感信息进行检查，如有，应对其存储部件进行消磁或物理毁坏，确保不会因设备处置不当造成泄密。

第五章　监控设备管理

一、日常使用

（一）监控系统必须 24 小时开机，不得关闭任何涉及监控设备的电源；不得擅自增加电源负载；不得随意更改监控系统连接和系统设置。

（二）严禁擅自改变、遮挡视频监控系统设置的监控区域；旋转摄像头在使用后，须将摄像头恢复到指定方位。

（三）严格按照规定操作步骤进行操作，密切注意监控设备运行状况，保证监控设备安全有序，不得无故中断监控和删除监控数据。

（四）用于监控的计算机不得做与监控工作无关的事情。

（五）未经允许不得随意代班、调班。当班时不得擅自脱岗，严禁看报纸杂志、听收音机、打私人电话等与工作无关的事情。

二、维护与维修

（一）每日检查辖区内摄像头工作情况，发现摄像头不在线、图像不清晰等故障时，及时向科技中心报修；发现摄像位置不对或有遮挡摄像现象及时纠正；做好日常记录。

（二）安保部负责对各使用单位监控使用情况按季度定期检查和不间断抽查。

（三）年末，由科技中心会同安保部对各使用单位视频监控系统的运行情况进行普查，保证系统数据有效。

三、数据管理

（一）监控设备实行不间断采集信息并循环保存数据，每日 0 点至 5 点进行联机自动备份，备份的数据保存时间不少于 1 个月；每月 5 日（遇节假日顺延）进行光盘刻录或 U 盘完全备份, 备份数据一式两份, 分存于两个安全的地点(一份存档案室), 永久保存。

(二)在保存期内的监控数据, 严禁擅自删除、修改、破坏监控原始数据。如遇紧急情况须将相关监控信息复制备份的, 所备份信息须妥善保管, 并定期销毁。

(三)监控中心指定专人进行监控系统操作、视频信息回放、备份操作。其他任何人未经使用单位行政主官许可不得进行视频回放、复制操作。

(四)上级主管或公安部门因执法需要调取、查看和复制监控信息的, 应配合并做好相关记录。

(五)在监控工作中遇紧急情况或发现有价值的视听资料(如属于案件现场或案件线索的信息资料)需要固定证据, 应及时备份并妥善保管好相关视频信息, 严禁故意隐匿、篡改和毁弃。

第六章 数字化平台运行管理

一、平台访问

(一)数字化平台应设置可靠的安全访问控制策略以及安全审计策略。

(二)各级用户妥善保管自己的访问密码, 并定期更换。

二、平台和数据备份

(一)服务器及网络设备的程序和配置信息, 须在初始安装和每次更新调整后实施备份, 每半年一次对累积的备份资料刻录光盘。刻录光盘一式两份, 分存于两个安全的地点(一份存档案室), 永久保存。

(二)平台系统软件开发的源代码、开发文档, 在每次开发项目结束后进行备份。每半年一次对累积的备份资料刻录光盘。刻录光盘一式两份, 分存于两个安全的地点(一份存档案室), 永久保存。

(三)服务器数据库数据实行不同周期分级别备份: 每日 0 点至 5 点进行联机自动备份, 备份的历史数据保留不少于 1 个月; 每月 5 日(遇节假日顺延)进行光盘刻录或 U 盘完全备份, 备份数据一式两份, 分存于两个安全的地点(一份存档案室), 永久保存。

（四）各终端计算机的操作系统及应用系统采用镜像备份，备份资料存储于本机 C 盘以外的其他逻辑分区中，以备特殊情况下紧急恢复系统用。

（五）各终端计算机用户各自做好本人日常使用的数据信息的备份。

（六）系统升级调整等工作实施前，须先对当前版本进行备份，确保在升级调整出现问题时，可退回初始状态。

三、平台和数据安全

（一）平台系统网络内设置网络防火墙，实现对内外网的隔离管理，封锁不必要的网络逻辑端口，控制内网的访问用户。

（二）操作系统和应用系统须及时做好安全补丁加固工作。在批量安装补丁程序前，先充分了解补丁程序的作用特点，并在试验机器上安装运行一周以上，确保其稳定性。

（三）平台系统网络内设置符合国家主管机构认可的网络版防毒软件。防毒软件的病毒库设定为自动升级，确保防毒软件服务器端及各客户端实时更新病毒特征库。

（四）技术小组定期进行网络运行情况监控，发现异常情况及时报领导小组并跟踪处理，尽快消除隐患。

（五）技术小组跟踪计算机病毒发展的最新状态，及时了解计算机病毒，特别是有严重破坏力的计算机病毒的爆发日期或爆发条件，及时发布通知进行预警防范。

（六）技术小组跟踪信息网络安全最新动态，及时向领导反映重要情况。对有升级改造必要的工作，及时以书面材料详细论证可行性，并报请领导审定。

（七）技术小组定期开展运行安全巡检，对发现的异常应及时处理，具体安排为：

1.每周进行一次后台系统日志、防病毒服务器工作状态、备份系统工作情况、备份数据有效性以及网络流量情况的跟踪检查；

2.每周的周三前，进行一次防火墙及防毒系统日志、病毒发展的最新动态、信息网络安全最新动态的跟踪检查；

3.每月 10 日前小结上个月的系统运行安全情况；

4.如遇节假日，相关工作顺延。

（八）各终端计算机使用者必须做好的措施：

1. 新增(或重装操作系统)计算机接入网络前,必须确保必要的补丁程序已安装,防毒软件已正常运行并升级到最新的病毒特征库;

2. 每次开机注意检查病毒库更新情况,不得进行一切影响防病毒软件运行的操作;

3. 不得改动网络设置,不在网络上共享本机的信息资源;

4. 数据资料避免存放在 C 盘,同时注意及时备份;

5. 移动存储介质在使用前须进行病毒检测,确认安全后才能接入计算机;

6. 从网上下载文件或者接收电子邮件时,必须先进行病毒检测,对于来历不明的邮件或文件应当直接删除;

7. 外来程序使用前须确认其来源安全并经防毒检测,不安装使用与工作无关的程序以及来历不明的程序;

8. 不在系统中进行带有黑客性质的操作;

9. 发现异常情况,及时向技术小组反映。

(九)技术小组根据系统运行情况及信息安全发展动态,并通过内部网开展信息安全宣传。

第七章　数字化平台安全应急处理

一、目的及内容

(一)为做好数字化管理平台突发事件的防范和应急处理工作,进一步提高预防和控制平台突发事件的能力和水平。

(二)本预案为公司数字化管理平台事故应急处理工作的基本程序和组织原则。包括各终端计算机、网络系统、后台服务器以及信息存储、处理的相关设备。

(三)本预案所称事故是指在数字化管理平台运行过程中,由于自然、人为、技术或设备的因素,引发造成的核心设备严重故障、系统瘫痪或者批量数据丢失的事故。

二、主要工作及任务

(一)立即控制危害源,对事故危害进行检验和监测。

(二)协调应急处理所需的人力、技术、物质资源以及相关的配合工作。

（三）查明系统损坏情况，估算损失。

（四）消除危害后果，恢复系统正常运行。

（五）调查分析事故原因。

三、组织机构与职责

（一）数字化管理平台应急处理由公司数字化管理领导小组（以下简称领导小组）总体负责指挥，领导小组组长为公司总经理，副组长为公司分管机电信息部的副总经理，成员为公司各部门负责人。领导小组的主要职责：

1. 决定启动数字化管理平台事故应急处理预案；

2. 统一领导数字化管理平台事故应急处理工作的实施协调指挥。

（二）数字化管理平台应急处理现场工作实施由公司数字化管理技术小组（以下简称技术小组）负责，技术小组组长为机电信息部负责人，成员为机电信息部信息化建设人员。技术小组主要职责：

1. 负责数字化管理平台应急处理预案的制定、修改和宣贯工作；

2. 接报后迅速查明情况，报领导小组，在领导小组指挥下，协调、联络各方力量处理事故，控制事故蔓延；

3. 及时办理领导小组交办的有关应急处理的其他工作；

4. 做好善后处理，恢复平台正常运行；

5. 组织事故原因分析研究及事故处理经验总结。

（三）各部门按领导小组要求，配合技术小组的工作。

四、应急处理准备工作

（一）各部门做好数字化管理平台安全管理和应急相关制度及知识的学习和宣传，做好个人计算机的安全防护和数据备份。

（二）技术小组做好数字化管理平台的巡检保养和运行监控；定期检查杀毒日志，及时升级。做好平台程序及重要数据的备份；及时掌握动态信息、发布相关预警公告；与具备相关资质的专业公司保持联系，必要时协调专业技术机构参与应急处理工作；做好备用防火墙、备用服务器及其他维修备件的管理，以保证应急时的有效性。

五、事故报告与预案启动

（一）事故发生后，发现异常情况的员工及时报告技术小组；技术小组迅速查明初步情况，报领导小组，同时采取有效措施抢救，防止事故蔓延。

（二）领导小组根据掌握的情况，判断是否启动应急预案，如事故严重，判断是否请外部机构参与。

（三）事故性质属于自然灾害一类的，需在公司安全事故应急救援预案的统一部署下，开展具体的数字化管理平台应急处理。

（四）如涉及日后调查取证需要的，应做好记录，采取备份、拍照、摄像等方法详细记录事故系统现场原貌，妥善保存系统、现场重要痕迹、物证。

六、应急处置方法

（一）事故发生后，判定事故级别，初步估计事故造成的损失，保留相关证据，并在 10 min 内上报技术小组，技术小组在领导小组指导下，采取有关措施。一旦启动应急预案，有关人员应及时到位，相关技术人员进入应急处置工作状态，阻断网络连接，做好系统恢复等工作。

1. 自然灾害事故处理方法

（1）在公司安全事故应急救援预案实施处理的统一协调下，由技术小组针对数字化管理平台重点区域开展救援；

（2）当发生自然灾害危及中心网络与信息安全时，根据事故发生时情况，确保在场人员人身安全前提；

（3）重点救援机房内设备系统，保障数据安全，其次是设备安全，具体方法包括：安全关机、数据设备强行关机、数据备份物理转移等；

（4）进入安全环境的设备系统由机电信息部协调监管，信息工程师（必要时会同专业机构）对系统进行检测分析，优先恢复储存的数据；

（5）确保运行环境安全后，将修复的系统重新安装，联网运行。

2. 病毒黑客入侵事故处置方法

（1）当人为或因病毒、攻击、入侵造成事故发生时，首先判断破坏的来源与性质，按照事故发生的性质分别采用以下方案：

①病毒传播：针对这种现象，要及时断开传播源，判断病毒的性质、采用的端口，然后关闭相应的端口，使用杀毒软件或者格式化磁盘方式清除相关病毒文件，内部力量无法获得病毒情况，应协调专业机构提供帮助，必要时在公司公布病毒攻击信息以及防御方法；

②入侵和攻击：对于网络入侵和攻击，首先要判断入侵和攻击的来源，区分

外网与内网，入侵来自外网的，定位入侵的 IP 地址，及时关闭入侵的端口，限制入侵地 IP 地址的访问，在无法制止的情况下可以采用断开网络连接的方法；入侵来自内网的，查清入侵来源，如 IP 地址、上网账号等信息，同时断开对应的交换机端口；

（2）根据掌握的信息，发布公告，指导各部门进一步的行动，如有紧急文件处理需求的，暂时改为手工纸质处理；

（3）制定清除病毒、恢复系统的具体操作方案，组织协调实施；

（4）联系专业机构升级安全防毒软件，升级防火墙应用，更改各系统登录密码，确保系统处于健康水平后，将各类设备连接入网，恢复系统运行。

3. 系统突发故障事故

（1）其他没有列出的不确定因素造成的灾害，如电力中断、电信部门故障等，可根据总的安全原则，结合具体的情况，做出相应的处理，现有技术力量不能解决问题时，寻求相关技术厂家帮助；

（2）数字化管理平台设备突发故障由技术小组负责处理：

①信息工程师调查故障情况，暂停故障设备运行，发布相关通知；

②如故障设备可通过备件恢复解决，立即启动相关的备件设备恢复措施；

③按照具体修复方案实施维修。

（3）事故处理过程中，技术小组应掌握进展情况，及时通报知会有关方面，协调好各种关系。

（4）各部门要落实领导小组的指示，配合技术小组开展相关工作。

（5）当事故消除，系统恢复完成后，技术小组负责完成应急处理总结、原因分析的报告，报送领导小组，主管领导判断并宣布应急处理工作结束。

七、应急处理资源保障

（一）应急处理所发生的资金，按公司财务制度进行核算和管理。

（二）加强数字化管理平台管理员必要的应急处理培训，使信息系统管理员熟悉工作原则、工作流程，具备必要的技能，以满足数字化管理平台安全应急工作的需要。

八、更新和完善

随着应急处理相关法律法规的制定、修改和完善，部门职责发生变化，以及实施过程中发现存在问题或出现新的情况，机电信息部应及时修订完善本预案。

第八章　附则

本指南解释权归数字化管理工作领导小组，机电信息部负责具体实施和检查监督。

参考文献

［1］张少锦.公路运营管理理论与方法［M］.北京：人民交通出版社人民交通出版社股份有限公司，2017.11.

［2］交通运输部.2020年交通运输行业发展统计公报［R/OL］.（2021-05-19）［2021-06-17］.https：//xxgk.mot.gov.cn/2020/jigou/zhghs/202105/t20210517_3593412.html.

［3］闫宗鹏.山东省公路管理体制改革研究［D］.西安：陕西师范大学，2015.

［4］《公路安全保护条例释义》编写组.公路安全保护条例释义［M］.北京：人民交通出版社，2013.

［5］张少锦，王孟钧，唐娟娟.公路运营预防性管理体系探讨［J］.建筑经济，2016，37（11）：66-70.

［6］武胜璇.面向企业产品的系统化创新过程研究实现［D］.天津：河北工业大学，2016.

［7］何继善，等.工程管理理论［M］.北京：中国建筑工业出版社，2017.

［8］殷瑞钰，汪应洛，李伯聪，等.工程哲学［M］.北京：高等教育出版社，2018.

［9］殷瑞钰，李伯聪，汪应洛，等.工程方法论［M］.北京：高等教育出版社，2017.

［10］殷瑞钰，李伯聪，汪应洛，等.工程演化论［M］.北京：高等教育出版社，2011.

［11］殷瑞钰，李伯聪，栾恩杰，等.工程知识论［M］.北京：高等教育出版社.2020.

［12］全国科学技术名词审定委员.全国科学技术名词审定委员会大数据新词发布试用［EB/OL］.（2020-07-23）［2021-08-03］.http：//www.cnterm.cn/xwdt/tpxw/202007/t20200723_570712.html.

[13] 成虎.工程管理概论[M].第三版.北京:中国建筑工业出版社,2017.

[14] 李永胜.论工程演化的系统观[J].辽东学院学报(社会科学版),2014,16(06):1-9.

[15] 黎红雷.管理哲学刍议[J].广西大学学报(哲学社会科学版),1991(02):28-30.

[16] 王拓.先秦法家管理哲学思想研究[D].哈尔滨:黑龙江大学,2019.

[17] 胡士颖.论黄宗炎道德事功合一论[J].中华文化与传播研究,2020(01):24-35.

[18] 韦锋,谢琳琳.道儒法管理哲学及其在现代立体管理中的应用[J].重庆建筑大学学报,2004(03):99-102+125.

[19] 张少锦.公路建设之管理哲学[J].中国公路,2015(05):102-105.

[20] 李文君.先秦儒家领导管理思想及其在现代企业管理中的启示研究[D].陕西:西安建筑科技大学,2017.

[21] 邢瑞煜.儒家管理哲学中的辩证法思想及其现代价值[J].烟台大学学报(哲学社会科学版),2010,23(02):17-21.

[22] 王健.事功精神:秦兴亡史的文化阐释[J].江海学刊,2002(02):138-143+207.

[23] 董海鹏.建功立业,经邦济世——陈亮事功思想探析[J].温州大学学报(社会科学版),2011,24(04):113-116.

[24] 崔绪治,徐厚德.现代管理哲学[M].合肥:安徽人民出版社,1991.

[25] 张少锦.公路运营实践的哲学思维[J].中国公路,2018(03):74-76.

[26] 孙正聿.理论及其与实践的辩证关系[N].光明日报,2009.11.24.

[27] 杨蔚.论人的精神需要[D].北京:北京交通大学,2015.

[28] 张德.企业文化建设[M].北京:清华大学出版社,2009.

[29] 杨承礼.浅谈企业文化管理的特点与功能[J].黄石高等专科学校学报,2004(01):48-51.

[30] 张海峰.企业文化结构[D].太原:山西财经大学,2014.

[31] 陈春花.企业文化管理[M].广州:华南理工大学出版社,2007.

[32] 高卫中.组织文化的系统特性研究[J].商场现代化,2006(05):86-87.

[33] 朱振涛.工程文化的系统复杂性及其演化机理研究[D].南京:南京大学,2012.

[34] 王章豹,李才华.工程文化系统的结构和功能分析[J].工程研究-跨学科视野中的工程,2016,8(01):73-83.

[35] 李伯聪等.工程社会学导论:工程共同体研究[M].杭州:浙江大学出版社,2010.

[36] 何继善,徐长山,王青娥,等.工程管理方法论[J].中国工程科学,2014,16(10):4-9.

[37] 葛建华,王利平.多维环境规制下的组织目标及组织形态演变——基于中国长江三峡总公司的案例研究[J].南开管理评论,2011(5).

[38] 何盛明.财经大辞典[M].北京:中国财政经济出版社,1990.11.

[39] 侯俊军,蒋晴.中国标准的输出与国际经济合作[J].国际经济合作,2015(05):12-16.

[40] 王静.公路管理文化建设的关键是提炼核心价值理念[J].科技经济导刊,2018,26(18): 190+193.

[41] 丁纯,陈伯奎,邹东升等.公路执法文化[M].北京:人民交通出版社,2008.

[42] 刘俊卿.以行业文化建设促进高速公路事业发展[J].山西大同大学学报(社会科学版), 2011,25(02):111-112.

[43] 高强,李本东.文化建设的难点及对策[J].中国公路,2013(02):120-121.

[44] 周大鹏.高速公路行业文化的建设探讨[J].现代商贸工业,2014,26(03):93-94.

[45] 赵中林.毛泽东认识论研究[J].新西部,2019(30):1-5+7.

[46] 冉奎.因果关系研究的条件论[D].武汉:华中科技大学,2013.

[47] 百度文库.因果关系成立的三大条件[DB/OL].(2017-07-07)[2021-05-13].https:// www. baidu. com/link? url = ZMnAc6Erh6 _ Vc8kpfNUYeU7KCTIOvdGcvL82AhOfQFPfX7Nd _ gCuBEQJGfXqw5gqBD8reC35ac9vHlaXTX32Ogr8mCCr4qtxIlAqMnlcq6m4HJBRhF7yCKJ _ adrRJI −B&wd =&eqid = bdbb8a9d0001fcb50000000660851296.2017.07.07.

[48] 百度百科.数据分析[DB/OL].2021-06-12.https://baike.baidu.com/item/%E6%95% B0%E6%8D%AE%E5%88%86%E6%9E%90/6577123?fr=aladdin.

[49] 德鲁克.管理实践:彼得·德鲁克管理学著作选[M].北京:工人出版社,1989.

[50] 张正春.建设项目目标集成控制研究[D].重庆:重庆大学,2010.

[51] 陈福娣.德鲁克目标管理理论初探[J].商场现代化,2008(02):103.

[52] 百度百科.目标分解[DB/OL].2021-05-15.https://baike.baidu.com/item/%E6%95% B0%E6%8D%AE%E5%88%86%E6%9E%90/6577123?fr=aladdin.

[53] Mbachina.丁士昭:交付价值是衡量工程项目是否成功的标准 | 教授观点[EB/OL]. (2021 − 06 − 11)[2021 − 07 − 12].https://video.mbachina.com/html/tongji/20210613/ 320203.html.

[54] 唐志龙.文化自信价值引领力的三重维度[J].文化软实力研究,2017(4).

[55] 贺孔.谈谈如何加强公路运营企业的固定资产管理[J].交通财会,2005(12):43-47.

[56] 赵含,刘庆.高速公路日常养护信息化管理的方法与内容介绍[J].西南公路.2016,(3): 238-240.

[57] 王勇.公路智能化发展趋势及日常养护智能控制体系设计研究[J].四川水泥,2020(11): 279-280.

[58] 韩慧.浅析高速公路养护的成本控制[J].中外企业家,2019(22):2-3.

[59] 王宏医.高速公路养护管理的信息化创新[J].商业文化,2020(32):74-75.

[60] 吴易.高速公路运营集成化管理体系初探[J].交通世界(建养.机械),2007 (07):92-93.

[61] 张翔.基于复杂网络理论的高速公路管理企业信息系统规划方法研究[D].西安:长安大

学, 2016.

[62] 邓小惠, 许清, 周成, 李怡霏. 省级普通公路数据中心建设关键技术研究[J]. 公路, 2020, 65(08): 277-280.

[63] 袁烨. 我国企业信息化发展及驱动因素研究[J]. 工业技术经济, 2005, (4)(08): 16-18.

[64] 贾元华, 康彦民, 王志强. 高速公路运营管理信息化建设及方案探讨[J]. 北方交通大学学报, 2002(02): 51-54.

[65] 王佳. 商业智能系统(BI)在企业数据集成中的应用研究[J]. 信息系统工程, 2019(03): 95.

[66] 刘又诚, 张莉. 面向过程的软件工程环境的集成问题探讨[J]. 计算机应用与软件, 1996(05): 9-15+64.

图书在版编目(CIP)数据

公路专业数字化管理研究与实践 / 张少锦, 王青娥,
王孟钧编著. —长沙: 中南大学出版社, 2021. 12
ISBN 978-7-5487-4707-9

Ⅰ. ①公… Ⅱ. ①张… ②王… ③王… Ⅲ. ①公路管
理−数字化−研究 Ⅳ. ①F540.3-39

中国版本图书馆 CIP 数据核字(2021)第 232293 号

公路专业数字化管理研究与实践
GONGLU ZHUANYE SHUZIHUA GUANLI YANJIU YU SHIJIAN

张少锦　王青娥　王孟钧　编著

□责任编辑　刘小沛
□封面设计　殷　健
□责任印制　唐　曦
□出版发行　中南大学出版社
　　　　　　社址: 长沙市麓山南路　　　　邮编: 410083
　　　　　　发行科电话: 0731-88876770　传真: 0731-88710482
□印　　装　长沙印通印刷有限公司

□开　　本　710 mm×1000 mm　1/16　□印张 14.25　□字数 262 千字
□互联网+图书　二维码内容　图片 4 张
□版　　次　2021 年 12 月第 1 版　□印次 2021 年 12 月第 1 次印刷
□书　　号　ISBN 978-7-5487-4707-9
□定　　价　78.00 元

图书出现印装问题, 请与经销商调换